改变世界的科学

THE SCIENCE
THAT CHANGED THE WORLD

数学

物理学

化学

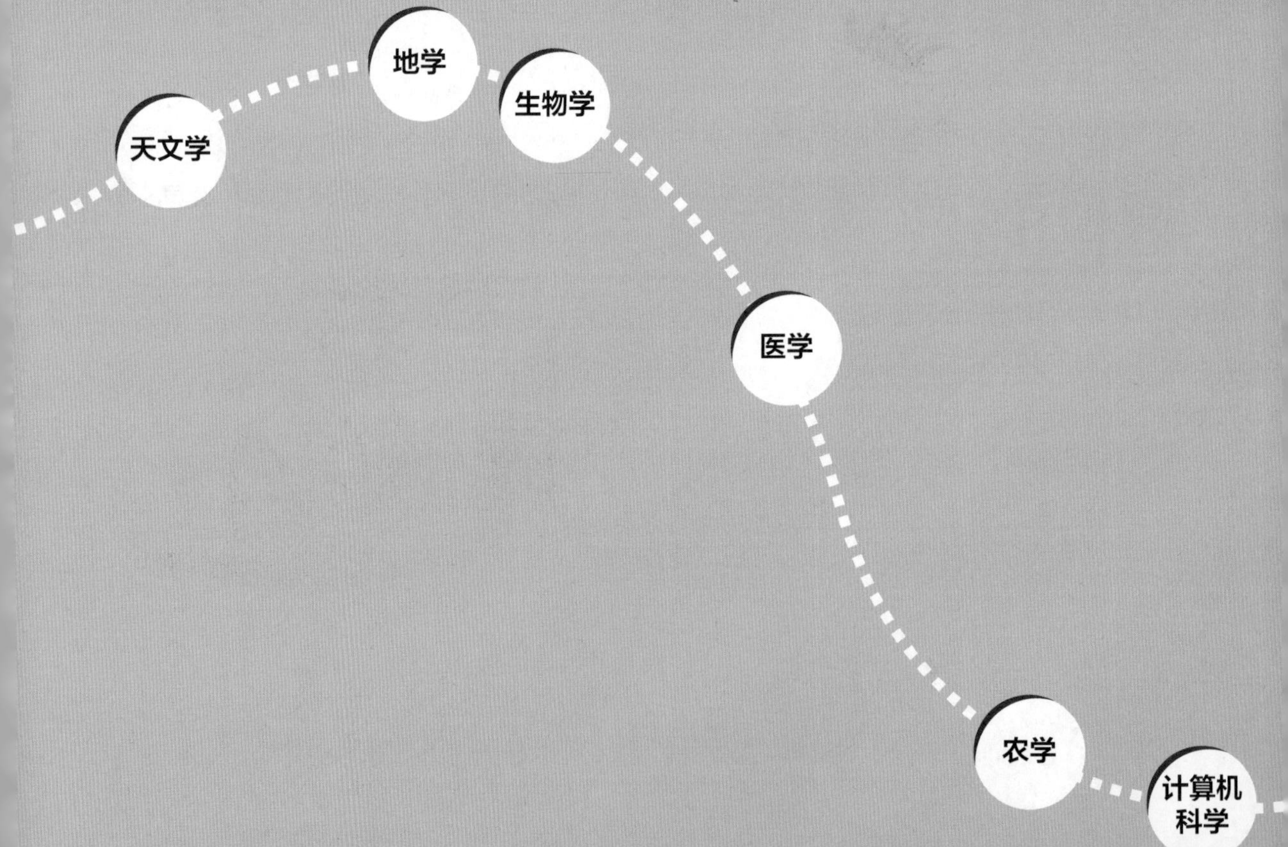

天文学

地学

生物学

医学

农学

计算机
科学

上海出版资金项目
Shanghai Publishing Funds

王 元 主编

改变世界的科学
物理学的足迹

罗会仟 赵 敏 姚晓春 陆继宗 · 著

上海科技教育出版社

图书在版编目(CIP)数据

物理学的足迹/罗会仟等著. —上海:上海科技教育出版社,2015.11(2020.2重印)

(改变世界的科学/王元主编)

ISBN 978-7-5428-6202-0

Ⅰ.①物⋯　Ⅱ.①罗⋯　Ⅲ.①物理学—青少年读物　Ⅳ.①O4-49

中国版本图书馆CIP数据核字(2015)第059722号

责任编辑　刘丽曼　郑丁葳
装帧设计　杨　静　汪　彦
绘　　图　黑牛工作室　吴杨嬗

改变世界的科学
物理学的足迹
丛书主编　王　元
本册作者　罗会仟　赵　敏　姚晓春　陆继宗

出版发行　上海科技教育出版社有限公司
　　　　　(上海市柳州路218号　邮政编码200235)
网　　址　www.sste.com　www.ewen.co
经　　销　各地新华书店
印　　刷　上海中华印刷有限公司
开　　本　787×1092　1/16
印　　张　14
版　　次　2015年11月第1版
印　　次　2020年2月第2次印刷
书　　号　ISBN 978-7-5428-6202-0/N·937
定　　价　49.80元

从 20 000 年前的古老陶片到 20 世纪末的神奇碳纳米管，

从 5000 年前美索不达米亚的早期天文观测到 21 世纪的星际探索，

从 3000 年前记录的动植物学知识到 2000 年人类基因组草图完成，

……

一项项意义深远的科学发现，

就像人类留下的一个个深深的足迹。

当我们串起这些足迹时，

科学发现过程的精彩奇妙，

科学探索征途的蜿蜒壮丽，

将一览无余地呈现在我们面前！

1863年

13世纪后期

约公元前18 000年

约公元前3世纪

2000年

亲爱的朋友们
请准备好你们的好奇心
科学时空之旅
现在就出发！

1026年

约公元前90年

目 录

约公元前950年
《竹书纪年》最早记载北极光

在地球南北两极,夜空中常常会出现彩色的光。约公元前950年,我国的《竹书纪年》对此现象有所记载。国外的最早描述来自古希腊的探险者。这种美丽的天象奇观是什么?是神的旨意,是地球外缘燃烧的大火,还是冰雪在夜间释放白天储存的太阳能量?千百年来,人们曾经有过各式各样的"解释"。但直到1960年代,人们将地面观测结果与卫星和火箭探测到的信息结合起来,才认清极光的本质。

极光是原子与分子在距离地面100—200千米地球大气最上层处被激发的光学现象。它的形成有三大要素:太阳风、地球磁场、大气。太阳风是太阳的激烈活动放射出的无数带电微粒,它们流动时就像空气流动一样。带电微粒进入地球磁场时,受地球磁场的影响,便沿着地球磁力线高速进入南北磁极附近的高层大气中,与氧原子、氮分子等碰撞,产生了"电磁风暴"和"可见光"现象,这就是众所瞩目的极光。极光现象与电视机显像管发光类似。在电视机显像管中,电子束击中电视屏幕,使屏上的发光物质发光。当产生极光时,极区大气就相当于显像管的荧光屏,来自太阳的带电粒子打入极区高空大气层时,会激发大气中的分子和原子,导致发光。其他行星的周围,如木星和水星,也会产生极光。

阿拉斯加上空的北极光Ⓦ

约公元前600年
泰勒斯发现琥珀摩擦起电

金字塔到底有多高？从遥远海上驶来的船只离岸边到底有多远？在2600多年前的古希腊，一个叫泰勒斯的人就能给出答案。

泰勒斯利用日影测量金字塔的高度⑤

他是古希腊哲学的开山祖师，是古希腊七贤之一，以数学和天文学知名。他在圆、三角形等方面有许多原创性发现，并把相关原理传授给后人。他还是古希腊第一位天文学家，曾经测定冬至和夏至点，准确预言在公元前585年会发生日全食，是人类第一个成功预言日全食的科学家。

泰勒斯对物理学的直接贡献是发现了静电和磁现象。相传公元前600年左右，泰勒斯发现了琥珀摩擦起电现象。琥珀是一种黄色树胶的化石，在古代用于装饰。人们外出时总把琥珀首饰擦拭得干干净净，但不管擦得多干净，它很快就会吸上一层灰尘。泰勒斯发现，用丝绸摩擦过的琥珀确实具有吸引灰尘、绒毛、麦秆等轻小物体的能力。他把这种不可理解的力量叫做"电"。实际上，英语中"电学"（electricity）一词最初就是由"琥珀"（electron）一词演化而来。另外，泰勒斯还发现某些天然矿石（磁石）能吸引铁质物体。

琥珀Ⓨ

约公元前4 世纪
《墨经》问世

据说在2400多年前的春秋战国时期，有一个员工众多、影响巨大的团体。它有完整的组织系统、政治纲领和行动宣言，提倡"兼爱、非攻"，也就是要博爱，要消灭战争。这些员工大多来自社会底层，以吃苦为乐事。他们的最高领袖被称为"巨子"，第一任巨子就是墨子。

墨子纪念邮票Ⓨ

墨子，名翟，他和鲁班一样，是春秋末战国初鲁国人。墨子年轻的时候学习儒家学说，但很快就觉得儒家的这一套礼节太过繁琐，尤其是厚葬死者，非常浪费。于是他就放弃了儒家学说，另立山头，创建了墨家学说。墨家是我国先秦诸子百家中的一大学派，和儒家、道家一起并称显学。墨家主张"兼爱"、"非攻"、"尚贤"、"尚同"、"非乐"、"天志"、"明鬼"、"非命"、"节用"、"节葬"。《墨子》是墨子及墨家著作汇编，共71篇，现存53篇。《墨子》内容广博，包含政治学、哲学、伦理学、逻辑学、科技、军事等内容。其中的《经》上、下，《经说》上、下，《大取》、《小取》等六篇是《墨子》的精华，被称为《墨经》。

《墨经》中有许多物理学知识，给出了不少物理学概念的定义。这在我国古代极其罕见。

在静力学方面，《墨经》指出，秤平衡时"本"（重臂）短、"标"（力臂）长。这已含有力×力臂（"标"）=重×重臂（"本"）的思想，比阿基米德提出杠杆原理还早了200年。在动力学方面，墨子提出"止，以久也，无久之不止，当非牛马也"的观点，说明车停（止）的原因是阻力（久）作用，力是改变物体运动的原因，这已具有牛顿惯性定律的雏形。《墨经》还进一步指出，"力，刑之奋也。"这不但对"力"下了定义，还指出力是产生加速度（奋）的原因，这在观念上已非常接近牛顿第二定律了。

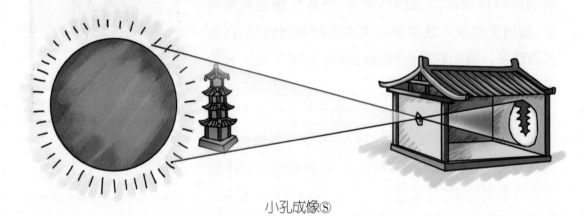

小孔成像Ⓢ

在光学方面，《墨经》提出了"景不徙"的著名命题，指出光是直线传播的，阐明了小孔成像的原理。墨子还通过对平面镜、凹透镜、凸透镜等进行的系统研究，得出了几何光学的一系列基本原理。正如英国著名学者李约瑟在《中国科学技术史》中指出的，墨子关于光学的研究，"比我们所知道的希腊的情况为早"，"印度亦不能比拟"。

声学方面，《墨经》论述了声音的传播，指出可以利用"井"和"罂"放大声音，监听敌军是否在挖地道攻城。

此外，《墨经》指出，"端"具有"非半"的性质，提出了宇宙万物、甚至时空本身也含有最小组元的思想。

《墨经》中的许多内容已超越当时世界的认知水平，遗憾的是这些都没有得到后世的重视、继承和发扬。

位于山东省滕州市墨子纪念馆的墨子像Ⓨ

约公元前300年
欧几里得写成《光学》

在科学史上,有一本流传最广的巨著《几何原本》,它的作者就是古希腊著名的数学家和科学家欧几里得。据说年轻的欧几里得曾经跟随著名哲学家柏拉图学习,后来来到埃及的亚历山大城,建立了一所学校,广收弟子。

欧几里得Ⓦ

欧几里得为人极其诚实,处世也很谨慎,从不吹嘘自己,是一位德高望重的饱学之士。就在来到亚历山大的那一年,约公元前300年,欧几里得写成了《光学》。《光学》研究了透视问题,认为"人看到物体是光线从眼睛出发射到所看的物体上去",这是自柏拉图之后的传统观点;"处于平行位置大小相同但距离不同的物体,在眼中看到的大小并不与远近成比例"。在《光学》里,欧几里得将视觉与几何联系在一起,创建了几何视觉理论。尽管认为视觉是眼睛发出光线到达物体的结果与现实不符,但其用"视线"的方法使光学问题能够用逻辑与几何论证,奠定了几何光学的基础。

《反射光学》被认为是欧几里得的另一本光学专著。在这本书中,欧几里得探讨了光的反射现象,研究了光的反射定律,即入射角等于反射角,还研究凸面镜和凹面镜的反射,论述了凹面镜对光既有会聚作用也有发散作用,而凸面镜则只有发散作用,并说明当把凹面镜面对太阳时可以取火,并知道凹面镜的焦点所在。

位于英国牛津大学自然历史博物馆的欧几里得雕像Ⓦ

约公元前3世纪
中国发明司南

据说在4000多年前的中国，人们用指南车来辨认方向。这是一种利用齿轮传动系统、由车上的小人指示方向的机械仪器，即使在浓雾中也不会迷失方向。

不过，到了战国时期，中国古代典籍中才有磁铁指示方向的记录。约公元前3世纪，中国发明司南，《韩非子》中记载的"故先王立司南以端朝夕"，首次说明了"司南"是一种指示方向的仪器。相传这是郑国人造出的，当他们去采玉时就会携带司南，以免迷失方向。根据史书记载，人们复原了汉代司南的样子。它像一把汤勺，勺底非常光滑，是用整块的天然磁石磨成的。底座是一块光滑的青铜底盘，内圆外方。使用时先把底盘放平，再把司南放在底盘中间，拨动勺柄，使它转动，等到它停下来时，勺柄所指的方向就是南方。

指南车ⓒ

司南为什么要特别做成勺子的形状呢？这大概与古人的天文知识相关。

司南ⓒ

古人在观察天象的时候，仰望正北方向就能看见北斗七星。它是人们在夜间寻找方向、辨别星座的标志。于是人们仿照北斗星的样子，将司南做成了勺形。不过，真正的古代司南现已不存，现在的司南模型是根据《韩非子》、《论衡》等古籍的描绘复制而成的。

司南是世界上最早的利用磁性来指示方向的仪器，是指南针的原型。由于是用天然磁石磨制的，所以在矿石大小、磨制工艺和精度上要求很高，受到诸多限制。而且,"汤勺"在圆盘上转动时指向不是很准确,于是司南就逐渐被淘汰了。直到宋代,人们掌握了人工磁体的技术之后,指南鱼和指南针才正式问世。

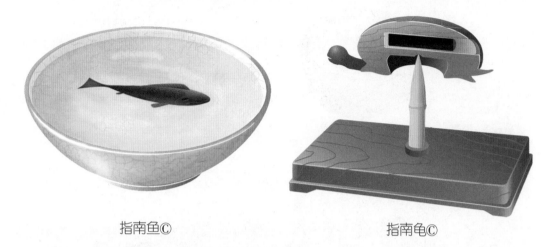

指南鱼ⓒ　　　　　　　　　　　　　　　　指南龟ⓒ

北宋大臣曾公亮在1044年成书的《武经总要》中第一次详细记载了制作和使用指南鱼的方法。先把薄铁片剪成鱼的形状,长二寸,宽五分,鱼的肚皮部分凹下去,可以浮在水面上。接着再把鱼和天然磁铁放在一起,使鱼也具有磁性。然后,再取一碗水,把指南鱼放在水面上,就能辨认方向了。指南鱼比司南使用起来要方便许多,只要有一碗水就可以了,而且更灵敏、更准确。约100多年后,北宋科学家沈括在《梦溪笔谈》中记载了制作指南针的方法:"方家以磁石磨针锋,则能指南,然常微偏东,不全南也。"可见,指南针的制作更加方便了,只需要将天然的磁石磨成针,就能指示南方。到了元代,人们还造出了同样具有指南作用的指南龟。

中国的海上交通很早就开始了。据说在2000多年前,秦始皇为了寻找仙药,就派人乘船航海了。但在指南针发明之前,在大海里航行非常困难。大海白茫茫一片,水天相连,很难找到目标。白天可以通过看太阳分辨方向,夜晚可以观察北极星,那么阴天下雨的时候在海上该怎样判断方向呢?事实上,世界上最早利用指南针进行海上导航的就是北宋海船,这种用于航海的指南针就被称为航海罗盘。

根据1119年成书的《萍洲可谈》记载,当时的船员只有在见不到日月星辰的时候

现代指南针Ⓨ

7

罗盘ⓒ

才使用指南针。这或许是因为人们对如何使用指南针还不是很熟练。到了1225年,《诸蕃志》上则说,这时指南针已经成为海上航行最重要的仪器了。人们不管昼夜阴晴都用指南针导航,还编制了指南针航线图,标注了去往海外各国的路线。据说明代著名的郑和七次下西洋的宝船上就有罗盘和航海图,还有专门测定方位的技术人员。

　　我国不但是世界上最早发明指南针的国家,还是最早把指南针用于航海的国家。到了北宋末年(约1180年),小小的指南针通过阿拉伯商人传入欧洲。指南针从此在世界航海事业上广泛使用,为世界地理大发现做出了重要贡献。

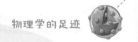

公元前3世纪 中后期
阿基米德著《论浮体》

阿基米德是古希腊科学巨人，古代最伟大的科学家，在数学、物理学、天文学和机械科学等各方面都有卓越成就。

阿基米德 Ⓦ

阿基米德发现浮力定律的故事脍炙人口。传说叙拉古的海罗王让金匠制作了一顶纯金的皇冠，却有人告发说，皇冠被掺了白银，并非纯金。国王请阿基米德作鉴定。阿基米德冥思苦想，一时也没有找到好的鉴别方法。一次在澡盆洗澡时，阿基米德突然悟到物体的体积等于物体排开水的体积，因而忘形裸奔，跑到街上大喊"尤里卡"（希腊语"我找到了"）。阿基米德把皇冠放在水里，测出排开水的体积，也就是皇冠的体积，再把与皇冠同等重量的金子放在水里，测出这些金子的体积，两个体积相互比较，如果皇冠的体积更大，则说明其中掺了假。在对沉浮现象进行了大量研究之后，阿基米德发现了浮力定律：物体在水中所受的浮力等于它排开水的重量。该定律通常被我们称为阿基米德定律。

其实，阿基米德的研究并非传说中那么简单，他没有停留在浮力大小的问题

上。阿基米德非常注重推理方法的应用，他找到了更为根本的液压原理，即在连通的液体中，同一水平位置的液体如果受到的压力有差别就不会静止，但容器中深处的液体可在其上面液体的压缩下而不至于移动。根据此原理，他证明静止的液面必然是以地球中心为球心的球面，阐述了固体在液体中的沉浮和重量变化，包括浮力大小与所排液

体的关系等。这些内容都记载在其名著《论浮体》中。

在另一名著《论平面图形的平衡或其重心》中,阿基米德提出了基本的杠杆原理:"两重物平衡时,所处的距离与重量成反比。"阿基米德名言"给我一个支点,我就能撬起地球"虽然夸张,但其理论依据就是杠杆原理。

阿基米德还以发明了各种巧妙的机械在当时的叙拉古享有崇高的声誉。据说,为了让叙拉古国王相信他能移动地球的说法,他设计了一套滑轮装置。利用这套装置,他几乎不费什么力气,就把一艘轮船拖动了一段距离。更让人惊叹的是阿基米德发明的军事机械。据说在一次战争中,阿基米德发明的投石机、投火器等发挥了神奇的作用,使前来进攻叙拉古的罗马军团遭受惨重的伤亡。

阿基米德是具有无比旺盛原创能力的科学家,他留下了足足十一部传世作品,失传的也有七八部之多。这些作品都是原创性的论文或专著,其严谨和精妙令人叹服,重要性和价值也经久不衰。

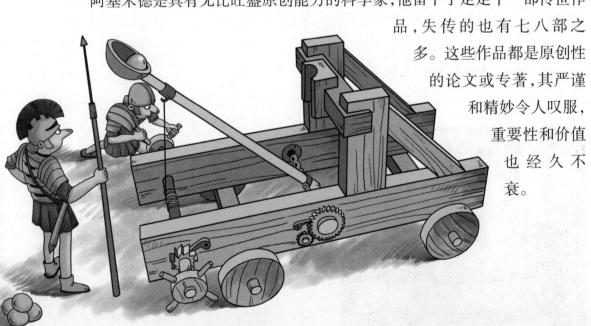

投石机Ⓢ

11世纪 末

沈括著《梦溪笔谈》

在中国江苏省的镇江市,有一座始建于北宋年间的园林建筑——梦溪园,是北宋著名的政治家和科学家沈括晚年的居所。据说沈括在30岁的时候,常常梦见一处风景秀美之地,山青水秀,花木如锦,就托人在镇江买了一块园地。

位于北京古观象台的沈括像◎

几年后,当他路过此地时,不禁又惊又喜,觉得像是到了梦中所游之地,于是举家迁往镇江。就在这里,沈括举平生所见,撰写了笔记体著作《梦溪笔谈》,包括《笔谈》、《补笔谈》和《续笔谈》三部分,内容涉及天文学、数学、物理学、地理学、生物学、医学、军事学、文学、史学、考古学及音乐等,其中自然科学方面的约占总数的36%,是一部集前代科学之大成的光辉巨著。沈括是一位具有"实业报国"思想的技术官员,他关心科学技术,在很多科技领域都有真知灼见。

在北宋,人们已经制出了世界上最早的指南针,能在看不见日月星辰的时候辨别方向。在《梦溪笔谈》中,沈括不仅记载了指南针的详细制作过程,还指出了指南针不能确切地指示南方,它总会微微向东偏。这就是磁偏角,比欧洲人观测到

位于江苏省镇江市的
沈括故居梦溪园◎

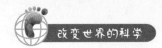

浑仪①

磁偏角早了400多年。该书有许多光学方面的观察和实验的记录及分析,介绍了凹面镜成像和针孔成像的原理,解释了古代透光铜镜的原理,对光的直线传播、光的折射和虹的形成进行了研究。该书还介绍了很多声学方面的知识,包括乐律、古乐钟的发声以及古琴的制作等,并记载了声音共振实验。

除了在数学方面首创了隙积术和会圆术,《梦溪笔谈》还记载了沈括在天文和历法方面的发现。沈括改进了一批天文仪器,如浑仪,使其更便于观星,又方便又精确。他还利用日晷、漏刻等仪器得出冬至日短、夏至日长的结论,在历法上大胆创新,提出了《十二气历》,较好地解决了古代历法中阴阳历之间难以调和的矛盾。

沈括还以其丰富的阅历,撰写了有关山川、地名沿革与考辨的条目,对各地重要物产、重要生产与生活资料的产销与经营管理等方面做了详细记述,为研究自然地理和北宋时期政治经济提供了宝贵的史料。沈括还考察了温州雁荡山独特地形地貌并提出其成因:"原其理,当是为谷中大水冲激,沙土尽去,唯巨石岿然挺立耳。"这种"流水侵蚀作用"的看法十分正确,比英国地质学家赫顿在《地球理论》中提出该观点早了约700年。该书还记载了大量的科学发明创造,如活字印刷术、炼铜、炼钢、炼油等,其中许多科学成就达到了当时世界的最高水平,并被沿用至今。

《梦溪笔谈》是一部百科全书式著作,在国际上亦受重视,英国科学史家李约瑟评价为"中国科学史上的里程碑"。

《梦溪笔谈》①

1593年
伽利略发明空气温度计

伽利略是意大利物理学家、天文学家，贡献卓著，被誉为"近代科学之父"。他的父亲是数学家，因为家道中落，希望伽利略去学医。当时医生的收入是数学家的10倍还多。但是，青年伽利略偶尔听了一次几何课后，就被几何学深深地吸引，他请求父亲让他学习数学和科学，走上了科学研究之路。

在进行科学研究的过程中，伽利略还发明了许多用于测量和观察的工具。早在古希腊时期，就有人设想利用空气的热胀冷缩原理制作测温器件，伽利略也决心解决这个问题。在一次试管实验中，他发现试管中水位的上升与下降可以反映试管内温度的变化。

伽利略经过多次改进，终于在1593年制成了世界上第一支空气温度计。这是一根细长的玻璃管，一端开口，另一端做成空心圆球，就像一个核桃大的玻璃泡，管壁上均匀地刻上刻度。使用时，先在管内注入一些水，然后开口向下将玻璃管竖直插入水槽。玻璃球中的空气受热或遇冷，其体积都会发生变化，细管中水柱所对应的刻度也随之变化，这样就能测得温度了。人们从此告别了只能依靠感觉来判断温度的时代。

但是，伽利略发明的空气温度计很容易受外界大气压强等环境因素的干扰，测量误差也比较大，不够精确。伽利略的学生、托斯卡纳公爵费迪南二世决定用液体代替空气温度计中的空气。经过多次试验之后，1654年，费迪南二世研制出了世界上第一支酒精温度计。但人们在使用了一段时间后发现，酒精温度计在测量开水的温度时，温度计内就变得一片模

位于佛罗伦萨的伽利略雕像◎

13

糊,根本看不清读数。原来,酒精的沸点只有78℃,当温度超过这个沸点时,酒精早就变成气体了,所以无法测量。1659年,法国天文学家布里奥利根据水银沸点高的特性,制成了水银温度计。他把玻璃泡的体积缩小,充入水银。这种温度计能测357℃的高温,还能测-39℃的低温。这时候的温度计已经具备了现代温度计的雏形。

第一种实用的温度计是德国物理学家华伦海特发明的。1709年,他制成了一支带有刻度的酒精温度计。当他了解到法国物理学家阿蒙顿利用水银作为测量物质制成了温度计后,又在1714年制成了一支更加精确的水银温度计。他还发

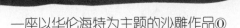

一座以华伦海特为主题的沙雕作品①

明了净化水银的方法,使水银能在温度计中普遍使用。华伦海特所创立的历史上第一个经验温标——华氏温标,单位符号记为℉,至今仍在美国和加拿大地区通用。

1740年,瑞典人摄尔修斯重新定义水的沸点为100℃,冰点为0℃,这套更为简便的温标被称为摄氏温标,单位符号记为℃。如今,物理学家在科学上更多地采用热力学温标——开氏温标(单位符号为K),定义绝对零度(宇宙中最低温度)为0K,相当于-273.15℃。

耸立在美国加利福尼亚州贝克小镇上的高40多米的温度计①

摄尔修斯Ⓦ

1600 年
吉伯发表《论磁石、磁体和地球大磁石》

在英国,有一个被伽利略称为"伟大到令人嫉妒的程度"的人吉伯。他是物理学家,也是英国当时著名的医生。1600 年,他出版了《论磁石、磁体和地球大磁石》,是物理学史上第一部系统阐述磁学的科学专著。

吉伯Ⓦ

在吉伯的工作之前,磁石是某种特殊的令人敬畏的东西,流传着许多传说,比如磁石可以抵御女巫的魔力等。吉伯通过大量的实验和调查把事实从虚构中分离出来,论述了对磁体及电现象的研究,建立了近代磁学的基本框架。

吉伯发现,磁石之间能相互吸引和排斥、磁针能够指示南北,以及烧热的磁铁磁性会消失、磁石被铁片遮住后其磁性将减弱等现象。他还研究了磁针与球形磁体间的相互作用,发现磁针在球形磁体上的指向和磁针在地面上不同位置的指向相仿,还发现了球形磁体的极,并断定地球本身是一个大磁体,提出了磁轴、磁子午线等概念,首次讨论了地球磁场的性质。

在吉伯之前,人们还常常将磁现象和静电现象混为一谈。吉伯则把两者明确地区分开来,指出电现象是与磁现象有本质区别的另一类现象,并第一个将电吸引的原因称为电力。吉伯关于磁学的研究为电磁学的产生和发展创造了条件。在电磁学中,为了纪念他的贡献,磁通势的单位就是以"吉伯"命名的。

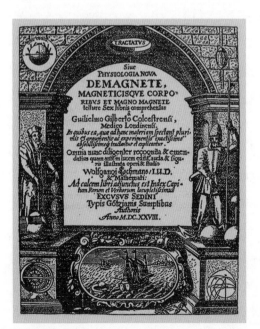

1628年版的《论磁石、磁体和地球大磁石》Ⓦ

1621 年
斯涅耳提出光的折射定律

在300多年前的荷兰莱顿大学,有一位才华横溢的教授想出了一个精妙的方法测量地球的半径,测出的数值与地球的真实半径非常接近。这位数学教授就是斯涅耳。

斯涅耳ⓦ

不过,斯涅耳更为人所知的贡献是在1621年发现了折射定律,即一条描述光的折射现象规律的定律,也叫斯涅耳定律。

光入射到不同介质的界面上会发生反射和折射,入射光和折射光位于同一个平面上,并分别在界面法线的两侧,它们与界面法线的夹角满足如下关系:

$$n_1 \sin \theta_1 = n_2 \sin\theta_2$$

其中, n_1 和 n_2 分别是两个介质的折射率, θ_1 和 θ_2 分别是入射角和折射角。

折射定律是几何光学最重要的基本定律之一,斯涅耳

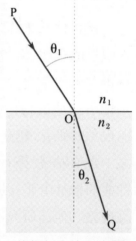

光的折射定律示意图ⓢ

的发现为几何光学的发展奠定了基础,使几何光学的精确计算成为可能。

不过早在公元2世纪,古希腊学者托勒玫就研究过光的折射现象,得出了折射角与入射角成正比的结论。事实上,这个结论只在角度很小时才是正确的。后来,德国天文学家和数学家开普勒也对光学进行了深入的研究,可惜还是没有发现折射定律。最终,斯涅耳不厌其烦地通过多次实验得出了最终结论。可惜的是,斯涅耳生前从未正式公布或向人提起过折射定律,后人在整理他的遗稿时才看到这方面的记载。

描述折射定律的手稿ⓦ

1632 年
伽利略提出力学相对性原理

　　假如你站在车流熙攘的马路边,观察运动的汽车和里面的乘客,会发现乘客和车一起向前运动。但假如你坐在正在向前行驶的汽车里,会发现马路边的景物正在往后退,而你自己并没有动。这就是运动的相对性。伽利略就以运动的相对性说明太阳与地球相对运动的关系,支持了日心说。

　　不过,力学相对性原理不仅仅关乎运动的相对性,它是指"在所有的惯性系中,物理定律是相同的"。惯性系是指彼此相互作匀速运动的参照系。比如,地面上物体的运动变化遵循牛顿运动定律;而匀速运动的汽车里,牛顿运动定律仍然成立,是不变的。

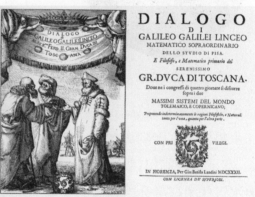

　　1632年,伽利略在《关于托勒玫和哥白尼两大世界体系的对话》一书中最早描述了这个原理,他给出了两个惯性参照系之间坐标变换的关系,即伽利略变换,提出在不同惯性参照系中物理规律是不变的,即伽利略不变性。正是在这本书中,伽利略因为主张哥白尼的日心说而

1632年版的《关于托勒玫和哥白尼两大世界体系的对话》Ⓦ

伽利略被推上宗教法庭Ⓦ

遭受迫害,被终身监禁。

　　伽利略相对性原理和伽利略变换的概念,不但在牛顿建立经典力学体系时起到重要作用,对爱因斯坦创建狭义相对论也有重要影响。正如英国理论物理学家霍金所说:"自然科学的诞生要归功于伽利略,他这方面的功劳大概无人能及。"

1643 年
托里拆利发明水银气压计

伽利略晚年时，收了一个叫托里拆利的学生。由于当时的一个现实问题，即为什么矿井中的水泵只能把水抽到10.5米高，他指导学生进行大气压力研究。1642年，伽利略去世后，托里拆利接任了佛罗伦萨学院物理学和数学教授职位，继续研究。

托里拆利Ⓦ

在伽利略去世之前，托里拆利就已经在用水银做真空试验。他发现，真空管中的液面高度随着气压的变化每天都在变化。1643年，托里拆利做了一个著名的实验：在长约1米、一端封闭的玻璃管内装满水银，用手指封住管口再将管倒立于水银槽内，然后放开手指，原来达到管顶的水银柱会下降到离槽中水银面约760毫米处。托里拆利发现，玻璃管不论有多长，甚至怎样倾斜，管内水银柱的竖直高度总是大约760毫米。他还发现，玻璃管中水银柱的高度会因地面的高度、天气阴晴及气温的变化而变化，由此得出大气压强也会随着地面高度、天气阴晴及气温的变化而变化的结论。根据这个原理，托里拆利发明了水银气压计，可以直接用水银柱的高度表示气压的大小。现在，人们把相当于1毫米汞柱的压强称为一个托里拆利，以纪念他的这一重要贡献。

可惜的是，贵族出身的托里拆利不幸在39岁时英年早逝。他的科学研究工作虽然只有五六年，但取得了许多有重大意义的成果。值得一提的是，水银是一种剧毒物质，会破坏人体大脑的神经系统，或许托里拆利的早逝与此有关。

托里拆利实验示意图Ⓞ

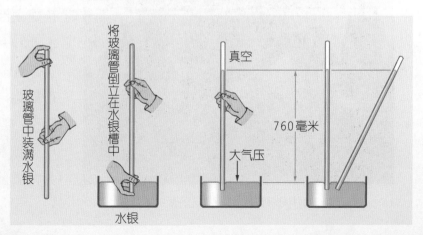

玻璃管中装满水银　将玻璃管倒立在水银槽中　真空　760毫米　大气压　水银

1644 年
笛卡儿提出碰撞规则

在1600年代法国的一所学校里，有一位体弱多病但天资聪颖的学生，被特许免上早操和晨课，因此清早卧床深思就成为他的终生习惯，这就是法国著名科学家笛卡儿，他有一句广为人知的名句"我思故我在"。笛卡儿对科学最重要的贡献在数学方面，但他对物理学也有颇多研究，尤其是动力学问题。

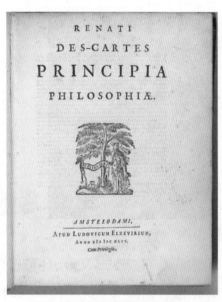

笛卡儿《哲学原理》扉页Ⓦ

笛卡儿的物理学研究主要集中在碰撞现象，这是牛顿力学出现以前的热门研究领域。1644年，笛卡儿在他著名的《哲学原理》一书中，提出了3个运动规律，并演绎出7条碰撞规则。笛卡儿认为，机械运动是物质运动的唯一形式，而物体间的相互作用都是通过挤压和碰撞实现的。笛卡儿用第一和第二自然定律的形式第一次比较完整地表述了惯性定律：只要物体开始运动，就将继续以同一速度并沿同一直线方向运动，直到遇到某种外来原因造成的阻碍或偏离为止。笛卡儿对碰撞规则的研究为后人提供了基础。

1649年9月，笛卡儿应热爱学习的瑞典女王克里斯蒂娜的邀请来到斯德哥尔摩。年轻的女王要求笛卡儿在清晨5点去教她哲学，这种每周3次的早起让笛卡儿很不习惯，没多久他就病倒了。1650年2月，笛卡儿聪明的大脑停止了思考。

笛卡儿给瑞典女王上课Ⓦ

1653 年
帕斯卡提出流体压强传递定律

帕斯卡

帕斯卡桶实验Ⓦ

受托里拆利实验的启发，法国数学家、物理学家帕斯卡也对空气压力问题进行了深入研究。他想出了一个改变空气重量的方法，即改变气压计在大气中的高度，在山顶上空气重量小，气压计中的液柱高度应下降。在帕斯卡的建议下，其妻弟在法国中部一个叫多姆山省的地方，把一只气压计放在山脚做参考，另一只带到山顶，结果山顶上气压计中液柱的高度下降了。该实验是科学史上最著名的实验之一。

在研究空气压力的基础上，帕斯卡进一步研究了液体压强的传递。在一个密封木桶的盖子上开一个小孔，桶里灌满水，再把一根细长的管子插到木桶的小孔上，并使接口处不漏水，然后从管子上方倒几杯水，当管内水位达到一定高度时，木桶就被压裂。1653年，帕斯卡在《液体平衡的论述》一文中写到："一个灌满水的容器，它上面有两个开口，每个开口配上紧密的活塞。当施加在两个活塞上的力平衡时，力和开口的大小成比例。因此充满水的容器是一架新机器，只要你需要，就能把力扩大到任何程度。"这实际上就是说，在密闭容器内，施加于静止液体上的压强将等值地同时传到各点。帕斯卡经过多年的研究和思考提出了静态液体压强传递定律，即帕斯卡原理，但该原理直到1663年，他死后一年才正式发表。

最能说明该原理应用的例子，就是液压千斤顶，它常用于汽车轮胎更换，甚至房屋的整体挪动。

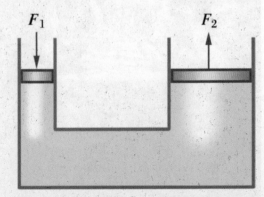

帕斯卡原理示意图Ⓢ

1654 年
居里克演示马德堡半球实验

1654年的一天,德国马德堡市全城的百姓都看到了市长居里克先生贴出的告示,他将在5月8日这天进行一项神奇的表演,邀请全体市民观看。

表演如期举行。居里克造了两个直径约50厘米的红色空心铜制半球,半球的两侧各装有一个巨型铜环,两个半球之间垫有一层浸透了油的皮革,让两个半球完全吻合。他用自制的真空泵将球内的空气抽掉,此时两个半球紧密地合二为一。为了证明这两个半球的结合多么牢固,居里克在半球两侧的巨型铜环上各套上8匹马向相反的方向拉。马夫们卖力地驱赶,马儿也努力往前走,但费了好长时间,也没有把这两个半球拉开。市民们惊叹不已,到底什么力量能够与16匹高头大马的拉力相抗衡呢?居里克又是怎样把球内的空气抽掉的呢?

居里克◎

原来,贵族出身的居里克在大学时就对与"真空"有关的争论有兴趣,如空间的本质是什么,天体如何通过空间相互作用等。居里克认为,只要能够制造出真空装置,大气压力就会创造奇迹。他设计的第一台抽气机是一只木桶,缝隙用沥青妥善填密,里面充入水,再用有两个活门的黄铜泵把水抽空。但当水抽空后,仍能听到空气穿过木桶微孔的声音。当他把该木桶完全密闭在一个更大的也盛有水的木

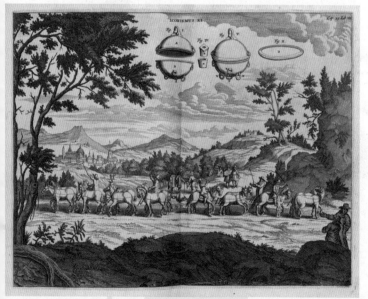

马德堡半球实验描绘图◎

居里克的抽气机W

桶里时,结果仍旧这样。随后,他采取了各种措施,如改进抽水唧筒、增加活门、改用铜球、加固密封等,终于在1650年制造出了第一台抽气机。同时,居里克还进行了一系列有关空气、真空、大气压各种性能的实验,如真空不能传声,真空中的蜡烛会熄灭,真空中的鸟和鱼会死亡等。其中最著名的是马德堡半球实验,这个实验吸引了社会对实验科学的广泛兴趣与支持。

在马德堡半球中,与马匹抗衡的力量到底是什么呢?答案是大气压力。球内的空气被抽出,没有了空气,而外面的大气压就将两个半球紧紧地压在一起。马德堡半球实验不仅证明了大气压存在,从而推翻了亚里士多德提出的"自然界厌恶真空"的假说,还证明了大气压很大。

虽然该实验是在德国雷根斯堡做的,但由于居里克是马德堡市的市长,因此称这两个半球为马德堡半球,而称该实验为马德堡半球实验。现市场商店出售的塑胶挂衣钩,就是根据上述实验及其原理而制成的。当年进行实验的两个半球现在仍保存在慕尼黑的德意志博物馆中。

马德堡实验纪念雕塑①

1686年
莱布尼茨引入动能概念

在17世纪的德国,有一个和牛顿同样有名的科学家莱布尼茨。他的父亲是德国莱比锡大学的教授,去世后留下丰富的藏书,为莱布尼茨创造了良好的学习条件。1667年,21岁的莱布尼茨获得法学博士学位。但莱布尼茨对数学和物理学很感兴趣,他和牛顿几乎同时独创了微积分。

莱布尼茨Ⓦ

在17、18世纪,"力"的概念是含混的,与它相关的物理量的意义和使用范围都不清楚。笛卡儿把物体的大小和速率的乘积mv作为"力"或物体"运动多少"的量度,这一概念得到了当时科学界的普遍承认。mv就是现在的动量。

1686年,莱布尼茨发表了《关于笛卡儿和其他人在自然定律方面的显著错误的简短证明》一文,通过研究自由落体运动,揭示了笛卡儿的运动量与运动量守恒之间的矛盾,证明了动量mv不能作为运动的量度。他引入荷兰物理学家惠更斯提出的"活力"mv^2作为运动的量度,这是最早引入的"动能"概念。莱布尼兹认为"活力"(动能)守恒是一个普遍的物理学原理,一个从4米高下落的物体得到的"力"不可能把它带到5米的高度,无中生有地获得某些东西是不可能的。

莱布尼茨引入的动能概念打破了把动量看作运动唯一量度的传统,促进了对运动的量度问题的研究。不过,莱布尼茨当时还没有真正了解动能的本质意义,也不了解"动能"和"动量"之间的根本区别。现在动能的表达式$\dfrac{mv^2}{2}$是法国科学家科里奥利在1830年代才给出的。

1900年的莱比锡大学主楼Ⓦ

1687 年
牛顿《自然哲学的数学原理》出版

"自然和自然的法则隐藏在黑暗之中。上帝说：让牛顿出世吧，于是一切豁然开朗。"这是300多年前英国最伟大的诗人蒲柏所写的诗句，镌刻在大科学家牛顿的墓碑上。

牛顿出生地①

按照儒略历算，牛顿在1642年12月25日圣诞节那天出生在英国林肯郡的伍尔索普。他是遗腹子，又是早产儿。3岁时母亲改嫁，把他留给了外祖父母。在学校里，他对周围的一切都充满好奇，但看起来并不是很聪明。十来岁时，他在学习上好像还很迟钝，但后来明显成了学校里最好的学生。1650年代后期，家里叫他到母亲的农场去帮忙。他的舅舅是剑桥大学三一学院的，发现了牛顿的学识，主张送他去剑桥大学读书。1660年，牛顿来到剑桥，4年后取得学士学位，成绩不算很突出。为了躲避伦敦的瘟疫，他再次回到母亲的农场。就在这里，牛顿开始走上科学研究的道路，思考了很多问题，并在短短一年间做出了数项伟大的发现。

从古代到中世纪，人们普遍信奉亚里士多德的哲学，认为天体和地上的万物遵循着不同的自然法则，与运动有关的法则更是如此。但牛顿认为，控制月球运动与控制自由落体的应该是同一种力，这在当时是一种非常大胆的设想。关于这一点，还流传着一个美丽的传说。据说牛顿在自家的花园里的苹果树下思考的时候，被一只落下的苹果砸中了脑袋，才使得牛

牛津大学自然历史博物馆里的牛顿雕像①

顿恍然大悟。

在母亲的农场，牛顿推导出物体自由掉落的加速度与重力的大小成正比，重力大小则与物体到地心距离的平方成反比。牛顿据此算出的月球的加速度只是实际观测值的7/8左右，这使他大失所望。然后，这个问题被搁置了18年。

1667年，牛顿回到剑桥，在那里一住就是30年。1669年，他的数学老师巴罗辞职，27岁的牛顿补缺，当上了剑桥大学的卢卡斯教授——此职以出资设立者卢卡斯冠名。牛顿一年大约只需作8次讲演，其余时间就用来研究和思考。

1689年的牛顿Ⓦ

1684年，英国皇家学会主席克里斯托弗雷恩悬赏寻解天体运动规律问题。天文学家哈雷带着问题去问他的好友牛顿，天体之间若有与距离平方成反比的引力，行星将会如何运动？牛顿脱口而出："按椭圆轨道运动。"他讲起自己在1666年所做的理论推测，哈雷不禁大喜，建议牛顿继续尝试。牛顿重新进行了18年前的计算，越算越感到前景美妙。据说这使他激动得无法再继续往下算了，只好请一位朋友代劳。

在哈雷的敦促和资助下，牛顿用拉丁文写了一本书，详尽地阐述所有这一切，于1687年出版。这部不朽的著作就是《自然哲学的数学原理》，常简称《原理》。尽管牛顿当时已经发明了微积分，《原理》却是史上最后一本用古希腊风格写就的科学巨著，始终用老式的几何方法证明命题。该书从各种运动现象出发，探究了各种自然现象。开头和第1篇首先定义了物质的量、时间、空间、向心力等概念，然后介绍了力学的3个基本运动定律，即惯性定律、力与加速度的关系以及作用力和反作用力定律。第2篇讨论了物体在阻尼介质中

为纪念牛顿，剑桥大学三一学院门前种了一棵苹果树，据说是从牛顿老家移植来的①

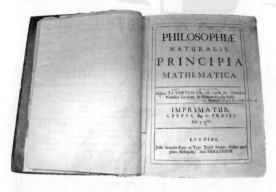

牛顿保存的第一版《自然哲学的数学原理》，其中手写体是牛顿为第20版所做的修改①

的运动情况，提出阻力大小与物体速度的一次及二次方成正比的公式，还研究了气体的弹性和可压缩性以及空气中的声速问题。第3篇论宇宙体系，讨论了太阳系的行星、行星的卫星和彗星的运行以及海洋潮汐的产生，涉及多体问题中的摄动。《原理》第一次把使天体运行的力与使物体落地的重力统一了起来，提出了万有引力定律。

《原理》初版只印了2500册，但其价值立即被许多科学家所认同，它标志着由哥白尼开创的科学革命达到了顶峰。牛顿展示的宇宙体系比任何古代学者设想的都更为优美。牛顿的体系是从极少数简单的设想开始，通过极清晰的数学论证构筑起来的。欧洲大陆的学者们对《原理》的作者肃然起敬，例如荷兰物理学家惠更斯便专程前往英国拜见牛顿。

《原理》是人类文明进步的划时代著作，奠定了经典力学和近代科学的基础，被誉为"17世纪物理学、数学的百科全书"，其影响遍及自然科学的所有领域。就人类文明史而言，它成就了英国工业革命，在法国诱发了启蒙运动和大革命，在社会生产力和基本社会制度两方面都产生直接或间接的重大影响。《原理》一书达到的理论高度前所未有，其后也不多见。正如爱因斯坦所说："至今还没有可能用一个同样无所不包的统一概念，来代替牛顿关于宇宙的统一概念。而要是没有牛顿明晰的体系，我们到现在为止所取得的收获就会成为不可能。"

哈雷曾问牛顿，为什么他能有那么多的发现，而别人却做不到。牛顿答道，他解决问题不是靠灵机一动，而是靠持久的苦苦思索，直

太阳系八大行星②

到解决为止。仿佛自己做的事情还不够多似的，牛顿晚年花了大量时间徒劳地寻找将贱金属变成黄金的诀窍，还写了50万言的化学著作，但价值不大。他没完没了地思索神学问题，并对《圣经》中那些最玄虚的章节写了150万字的考证文章。

剑桥大学三一学院①

1689年，牛顿当选国会议员，但他开会从不发言。1696年，牛顿被委任造币局总监，1699年又晋升为局长，这在当时被视为很大的荣誉，而且薪俸优厚。牛顿辞去教授职务，全力投身新职，改善了造币工艺。1703年，牛顿当选为皇家学会会长，以后年年连任，直至逝世。1705年，英国女王册封牛顿为爵士。

牛顿30岁头发开始花白，但到80岁时仍耳聪目明，一生只掉过一颗牙，记忆力也很好。他在世时备受人们尊崇，逝世后8天入葬威斯敏斯特大教堂，英国的王公大臣、文人学士纷纷前往吊唁。法国大文豪伏尔泰曾羡慕地评论：英国给予一位数学家的荣耀宛如其他国家给予一位国王那样隆重。

牛顿说过："如果我比别人看得远些，那是因为我站在巨人们的肩上……我好像只是一个在海滨嬉戏的孩子，不时为找到一块更光滑的卵石或一只更美丽的贝壳而感到高兴。而我面前浩瀚的真理之海，却还完全是个谜。"耐人寻味的是，其他科学家同样也是站在巨人的肩上，在同一个海滨嬉戏，却唯独牛顿能看得更远，捡到最美丽的贝壳。

威斯敏斯特大教堂中牛顿之墓Ⅳ

1702年
哈雷绘制第一幅磁偏角等值线图

哈雷⊛

哈雷是英国天文学家、地理学家、数学家、气象学家和物理学家，他最著名的贡献是把牛顿定律应用到彗星运动上，并正确预言了一颗彗星作回归运动的事实，这颗彗星就是我们现在所熟知的哈雷彗星。

哈雷是个具有传奇色彩的人物，他不仅在多个学科领域做出重要贡献，而且当过船长、地图绘制员等。正是船长的经历促使他绘制出了世界上第一幅磁偏角等值图。

磁偏角是地球表面通过任一点处的磁子午线同地理子午线之间的夹角，即地球表面任一点地磁场方向与通过该点的子午面之间的夹角。各个地方的磁偏角一般不同，磁针的N极向东偏时，磁偏角为正；向西偏时，磁偏角为负，但磁偏角的变化又呈现出一定的规律。磁偏角对航海有非常重大的影响，所以海上磁偏角的测定是非常重要的工作。指南针、磁罗盘是测定磁偏角的最简单装置，后来又发明了磁偏测量仪。在绘图时，将磁偏角的测量值标在地图（特别是海图）上，并将数值相等的点连起来，就得到磁偏角等值线图。

1702年，哈雷绘制了一幅显示大西洋各地磁偏角的地图，它是第一幅绘有等值线的图。图中每条曲线经过的点，磁偏角的值都是相同的。今天我们常看到的等高线地形图、等气压线的天气图，其实都来自哈雷的创意。等值线在当时又被称为"哈雷之线"。

哈雷绘制的第一幅磁偏角等值线图⓪

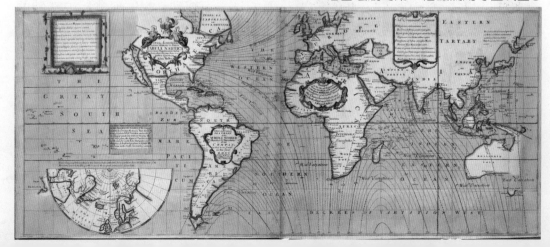

1704年

牛顿《光学》出版

1663年，牛顿在剑桥大学读书的时候，受老师巴罗的影响，开始热衷于光学研究。他喜欢上了光学实验，还亲自动手磨制透镜，想装配出没有色差的显微镜和望远镜，这个愿望激励了他对光和颜色的本性进行深入的研究。

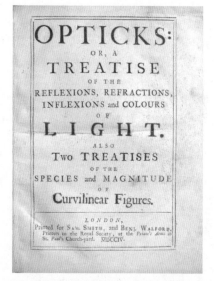

1704年初版《光学》封面Ⓦ

牛顿把自己关在一间漆黑的屋子里，在窗户上挖一个小孔，让适量的日光射进来。又把棱镜放在光的入口处，使折射的光能够射到对面的墙上，这样，他就获得了展开的光谱，颜色的排列是红、橙、黄、绿、蓝、靛、紫。通过仔细观察和反复实验，牛顿得出"白光本身是由折射程度不同的各种彩色光所组成的非均匀的混合体"的结论，推翻了从亚里士多德到笛卡儿都认为光是白色的理论，指出日光是七色的。

1704年，牛顿的《光学》出版，该书的副标题是"关于光的反射、折射、拐射和颜色的论文"，描述了许多巧妙的实验，还讨论了31个疑问。这些疑问非常具有启发性，可以看出牛顿在实验事实和物理思想成熟前并不先下结论。

《光学》一书系统阐述了牛顿20年光学研究的成果，是光学研究从几何光学向近代光学转变的标志之一；或者说仅凭光学方面的成就，牛顿就足以成为科学上的头等人物。爱因斯坦在为牛顿《光学》1931年重印本所写的序言中说："牛顿的时代早已被淡忘了……牛顿的各种发现已进入公认的知识宝库，尽管如此，他的光学著作的这个新版本还是应当受到我们怀着衷心感激的心情去欢迎的，因为只有这本书才能使我们有幸看到这位伟大人物本人的活动。"

1712 年
纽科门蒸汽机成功安装

蒸汽作为动力古来已有之。古希腊的希罗就曾利用蒸汽的反冲力做过一个玩具，但是蒸汽真正有生产价值的应用还是在近代。随着工业革命的深入，人力、畜力等传统劳动方式已经远远不能满足工业需要，据说当时英国有些深度矿井的提水水泵需要 500 匹马力才能开动，发明更为强大的动力机械已经迫在眉睫。

帕潘Ⓦ

17 世纪上半叶，法国工程师帕潘在使用蒸汽动力技术方面迈出了一大步。帕潘早年学医，但是他对实验物理学有着浓厚的兴趣，曾经协助惠更斯和玻意耳做过不少大气压力和真空的实验，并跟随玻意耳系统学习了气体的热力学知识。那时候，大气压力和真空的概念已经广为人知，但是应用于实际生产还不多见。帕潘小试牛刀，研制出了一种"蒸煮器"（其实就是现在的高压锅），并用蒸煮器给英国国王查理二世做了一道味道极其鲜美的菜肴。因为发明了蒸煮器，帕潘还当选为英国皇家学会会员。

随后，帕潘在蒸煮器的基础上，研制成功世界上第一台带活塞的蒸汽机。这是一台单缸活塞式蒸汽机，汽缸底部放有少量的水，加热汽缸时产生的蒸汽推动活塞至汽缸顶端，再将热源撤除，汽缸里的蒸汽冷凝，压强减小，于是活塞在大气压力的作用下下落。这个过程就可以产生动力。

1698 年，英国工程师萨弗里制造了第一台用蒸汽作为动力的矿用抽水机。高压蒸汽喷入一个金属容器中，然后用冷水冷却蒸汽，使金属容器产生真空，将矿井里的水抽出来。萨弗里抽水机除了阀门之外，没有其他可运动的部件。

帕潘发明的蒸煮器Ⓞ

萨弗里抽水机Ⓦ

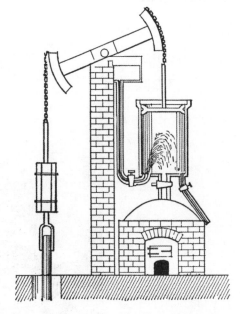

纽科门蒸汽机Ⓦ

　　1712年,英国人纽科门改进了之前的蒸汽机制成了纽科门蒸汽机。纽科门蒸汽机有一个垂直的汽缸和运动的活塞,活塞与杠杆的一端相连,带动杠杆另一端的机械往复运动,从而形成一个动力装置。纽科门蒸汽机和萨弗里抽水机一样,都是使用喷水的方法冷却汽缸,这种方法浪费了大量的热能,热效率非常低。这使得人们又开始寻求新的改良蒸汽机。

　　现代蒸汽机的原型是由英国著名的发明家和机械工程师瓦特在18世纪中叶研制而成的。

　　瓦特的父亲是熟练的造船工人,在父亲的影响下,瓦特对机械产生了浓厚的兴趣。1757年,瓦特在格拉斯哥大学开设了一间小修理店,专门修理教学仪器。有一次,瓦特受命修理一台纽科门蒸汽机。他仔细研究了机器的结构后发现,纽科门蒸汽机在每一个运行周期中,都需要对汽缸用冷水降温以降低汽缸内气体的压强,然后又要

瓦特在改良蒸汽机Ⓦ

加热已经冷却的汽缸以推动活塞，在冷却和加热过程中浪费了大量的能量。怎样才能有效地提高蒸汽机的热效率呢？经过仔细的思考，瓦特终于在1765年想出了一个创造性的解决方案。他设计了一个用于排气的

瓦特的实验室❶

容器，并将其与汽缸相连，使蒸汽猛然冲入容器里，就可以在不冷却汽缸的情况下，冷凝蒸汽。瓦特在冷凝器和汽缸之间设计了一个阀门。当高温蒸汽注入汽缸时，阀门关闭。活塞对外做功后，阀门又被打开，将蒸汽引入冷凝器冷却，从而在冷凝器和汽缸内形成真空。随后又开始一个新的循环。1769年，瓦特造出了第一台改良后的蒸汽机，并获得了冷凝器的发明专利。

瓦特在汽缸外加冷凝器的方式，使得蒸汽机的效率成倍提高。1782年，瓦特进一步改进汽缸结构，使蒸汽从汽缸的两头分别进入汽缸，制成双冲程的蒸汽机。1784年，为了便于速度变换，他把活塞的杠杆传动改为曲轴和齿轮传动，从而制成了能够连续转动的双动通用蒸汽机。

到了1790年，瓦特蒸汽机几乎已经全部取代了老式的纽科门蒸汽机。瓦特蒸汽机的广泛应用使得工业革命进入了新的高潮。蒸汽机改变整个世界的时代正式到来了。

瓦特蒸汽机❶

1738 年
伯努利定理提出

　　说起科学世家,欧洲的伯努利家族无疑是世界上最为著名的。这是一个商人和学者辈出的家族,连续出过十余位数学家、物理学家,堪称是科学史上的一个奇迹。其中最为著名的,又属丹尼尔·伯努利。作为瑞士物理学家、数学家、医学家,丹尼尔曾先后取得艺术学硕士、医学博士学位。25岁时,他受邀到彼得堡科学院工作。在彼得堡的8年间,他被任命为生理学院士和数学院士。1733年,丹尼尔·伯努利返回瑞士巴塞尔,先后担任解剖学教授、生理学教授、物理学教授。他还曾当选为柏林科学院院士、法兰西科学院院士和英国皇家学会会员。

　　1738年,丹尼尔·伯努利出版了经典著作《流体动力学》,这是他最重要的著作之一,他也因此被称为"流体力学之父"。在书中,伯努利用能量守恒定律解决流体的流动问题,并写出了流体动力学的基本方程,后人称之为"伯努利方程",并提出了"流速增加、压强降低"的伯努利原理,即在一个流体系统,比如气流、水流中,流速越快,流体产生的压强就越小。

　　伯努利定理在水力学和应用流体力学中有着

广泛的应用。例如,空气
能够托起沉重的飞机,就是利用
了伯努利定律。飞机机翼的上表面通常
被设计为流畅的曲面,下表面则是平面。这样,机翼上表面的气流速度就大于下表面的气流速度,所以机翼下方气流产生的压力就大于上方气流的压力,飞机就被这巨大的压力差"托住"了。除此之外,喷雾器、汽油发动机的汽化器、球类比赛中的旋转球也都与伯努利效应有关。

1745 年
罗蒙诺索夫提出热动说

罗蒙诺索夫被誉为"俄国科学史上的彼得大帝"。他学识非常渊博,不仅在物理学、化学方面取得了杰出的成就,并且在语言学、文学、哲学、历史、天文、地质、矿物、航海等领域都有所建树,他还亲自创办了俄罗斯第一所大学——莫斯科大学。

罗蒙诺索夫Ⓦ

在化学方面,罗蒙诺索夫反对当时盛行一时的"热素说"和"燃素说",并借助实验证实了物质在化学反应前后质量相等,这一发现比法国科学家拉瓦锡推翻"燃素说"建立物质不灭定律要早18年。

关于"热"现象的本质,罗蒙诺索夫最早提出热只是物质内部微粒运动的结果,认为空气微粒对容器壁的撞击是空气产生压强的根本原因。他还创立了物质结构的原子分子学说,认为物质由极小的粒子(原子和分子)所组成,如果物质是由同一种原子组成的,它便是单质;如果物质由几种不同原子组成的,它便是化合物。

莫斯科大学与罗蒙诺索夫像Ⓨ

1745 年
莫森布鲁克发明莱顿瓶

早在古希腊时代，人们就发现用木块摩擦过的琥珀会吸引小物体，这是对摩擦起电现象最早的记录。中国古代亦有类似对摩擦起电和静电现象的记载，例如人们发现，梳头、脱衣服的时候，梳子和衣服会发出劈啪的响声。

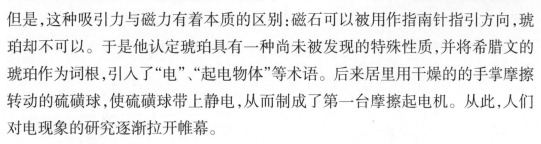

直到17、18世纪，电学的研究才真正发展起来。英国物理学家吉伯发现，琥珀和很多物质摩擦后都可以吸引轻小的物体，但是，这种吸引力与磁力有着本质的区别：磁石可以被用作指南针指引方向，琥珀却不可以。于是他认定琥珀具有一种尚未被发现的特殊性质，并将希腊文的琥珀作为词根，引入了"电"、"起电物体"等术语。后来居里用干燥的的手掌摩擦转动的硫磺球，使硫磺球带上静电，从而制成了第一台摩擦起电机。从此，人们对电现象的研究逐渐拉开帷幕。

令人困扰的是，当时为了研究电，每次都要找各种东西来摩擦，非常费事。尽管人们不久就认识到了金属可导电，而丝绸（绝缘体）不导电，但却苦于无法保存电。电就像神秘来客，摩擦后匆匆而来，尔后又匆匆凭空消失掉。1745年，荷兰莱顿大学的莫森布鲁克在一次电学实验中，不小心将一枚带电的钉子掉进了

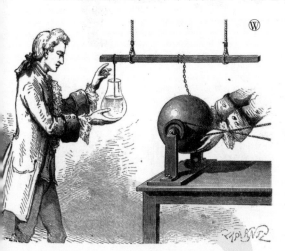

玻璃瓶，当时他并没有在意，以为钉子上的电肯定会在空气中消失的。等他准备下一步实验时，想把钉子取出来用，却意外地被电击了一下，手上感觉麻麻的，这正是接触带电物体的感觉！他马上意识到，钉子可能在玻璃瓶中还带电，随后反复的实验验证了他这一判断。于是，一种储存电的装置就此诞生了：将金属物品置于玻璃瓶中就可以保存电。莫森布鲁克用学校的名字

由4个莱顿瓶制成的电池①

将其命名为"莱顿瓶"。

莱顿瓶的发明极大地促进了电学研究的发展,因为人们从此可以自如地掌控电的来和去,也可以研究各种电现象之间的区别和联系。为了演示电的神秘力量,科学家开展了许多公众演示实验。其中比较震撼的一次是诺莱特在巴黎某教堂前的一次演示:他让700名修道士手牵手组成一排270多米的队伍,排头的用手握住莱顿瓶,排尾的则握住瓶的引线,在莱顿瓶释放电的一瞬间,700名修道士几乎同时被电刺痛双手而跳了起来,在场观看的皇室成员和公众无不目瞪口呆。

电的魅力促使人们对其逐渐深入研究并寻找其本质,由此发展起来的电磁学引发了电气时代革命,至今仍为人类生活造福。而对带电微粒的研究促使了原子结构的发现和近代粒子物理学的进展,诞生了量子力学,让人类对微观世界的认识取得了空前的进步!

诺莱特的电学实验⑤

1752年
富兰克林用风筝探测雷电

华夏始祖伏羲在《易经》中曾写道："太极生两仪，两仪生四象，四象生八卦……"其中"两仪"就预示自然界的阴阳和谐，即万事万物总是存在两个相互对立又相互共生的成分，太极图极其简洁地表达了这一观点。有意思的是，在科学研究上，两极的观点同样层出不穷，电学研究便是其中最早的代表之一。

异种电荷互相吸引Ⓢ

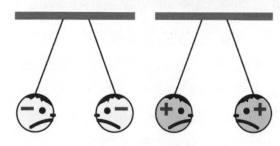
同种电荷互相排斥Ⓢ

1729年，英国科学家格雷通过研究摩擦起电现象发现，琥珀上带的电可以传给金属棒甚至人体，却不能传给丝绸，这说明金属和丝绸之间是有区别的。另一位科学家迪费则紧紧抓住这个问题关键，继续寻找各种摩擦起电之间的区别。通过大量实验探索，迪费认为用丝绸摩擦的玻璃棒和用树脂摩擦的琥珀带的电不同，电其实是由两种流质组成，同种电会相互排斥，异种电则相互吸引，两种流质一旦相遇则会发生中和，从而不带电。这种说法与中国古代的阴阳相克相生的哲学观点异曲同工，显得十分自然。

随着莱顿瓶的发明，人们知道了如何储存电。1746年，英国的物理学家科林森给美国的富兰克林邮寄了一个莱顿瓶，并附上使用说明。富兰克林收到莱顿瓶之后，反复把玩，爱不释手。他灵光一闪：普罗米修斯的"天火"——闪电是不是和摩擦起电的电有着一样的本质呢？为了证实自己的推测，富

兰克林选择了一个电闪雷鸣的暴风雨夜晚，和他的助手放飞了一只带着铜线和铜骨架的风筝，风筝线的另一端拴着一串钥匙放在莱顿瓶中，他们试图将闪电"钓"下来。很快，一道闪电划破漆黑的天空，顺着导线噼里啪啦地导入了莱顿瓶。通过不断地对比研究，富兰克林最终认为闪电和摩擦起电殊途同归，是同一种电。这次充满危险的实验揭示了电的本质（曾有人因试图重复该实验而被电击身亡！），让人们意识到电的巨大能量和潜在应用前景，更点燃许多科学家对电学研究的热情。

富兰克林对电学的贡献还有许多，他正确地指出摩擦起电实际上是让电转移到另外一个物体，而不是创造了新的电，这是电荷守恒定律的早期描述。并且他还发展了迪费的学说，定义了正电荷和负电荷的概念，这个概念一直被沿用至今。受到富兰克林的风筝实验的启发，1745年，捷克发明家狄维斯成功发明了避雷

百元美钞上的富兰克林头像Ⓨ

针——如果把尖端金属放在建筑物高处，就可以把雷电引导到地面，防止建筑物被雷击而毁坏。如今，几乎所有高层建筑都要设置避雷针。富兰克林本人还是美国独立战争的伟大领袖，是美国《独立宣言》的起草人之一，他的头像被印在了百元美钞上，永远被人民所敬仰和怀念。

狄维斯故居门口立着他发明的避雷针Ⓘ

蒙戈尔费耶兄弟发明热气球

约瑟夫·蒙戈尔费耶和艾蒂安·蒙戈尔费耶出生在法国一个造纸商家庭,家里有16个兄弟姐妹。哥哥约瑟夫是个沉默寡言、好奇心强、想象力非常丰富的孩子。弟弟艾蒂安聪明、淘气,学习成绩很好,中学毕业后便到巴黎学习建筑。

蒙戈尔费耶兄弟
热气球模型

有一天,约瑟夫坐在火炉边烘烤衣服时,发现衣服的口袋受热后会鼓起来,于是,他便受到启发,用木条制作了一个1米×1米×1.3米的框架,底部固定一个装有燃烧物的小盒子,然后用丝绸布把框架包裹起来。在他点燃燃烧物之后,这个东西便浮了起来,直到顶住天花板。约瑟夫的这个小发明类似于中国的孔明灯,当燃烧物被点燃后,绸布内的空气变热,密度小于绸布外的冷空气,根据浮力原理,热空气便会带着绸布向上升。约瑟夫找来他的弟弟,进一步改进这项发明,1782年,他们把"孔明灯"的体积放大到27倍,这个巨型"孔明灯"飘浮了近2000米远才停下来。

1783年9月19日,在凡尔赛宫的花园里,蒙戈尔费耶兄弟让热气球带着一只羊、一只鸭子和一只公鸡在空中飞行8分钟,气球降落时,三只动物安然无恙。

1783年10月21日,艾蒂安亲自尝试了首次热气球飞行,为安全起见,热气球上绑了好几根绳子,连接到地面。同年11月21日,两名法国人乘坐蒙戈尔费耶兄弟的热气球进行了第一次空中自由飞行,他们在巴黎上空飞行了25分钟,飘行了9000米。热气球的发明,第一次实现了人类离开地面进行空中飞行梦想。

蒙戈尔费耶兄弟像

1785 年
库仑定律提出

17世纪，牛顿根据开普勒等人的研究结果提出的万有引力定律指出，物体之间的吸引力跟其距离平方成反比（简称平方反比定律）。其实当时人们还不太明白什么是力，对万有引力定律更是将信将疑。直到物理学家通过实验进行了验证，平方反比定律才最终被广泛认可。

在证明平方反比定律的物理学家队伍中，最为出色的一位是个富二代——卡文迪什。这位出身卡文迪什贵族世家的公子，十分潇洒地把百万英镑的家产交给伦敦银行和股票经纪人管理，自己却一门心思投入到科学研究中，成为当时"最富有的教授和最有学问的富翁"。卡文迪什原本是个化学家，他通过实验证明了二氧化碳（时称"固定空气"）的存在并利用铁与稀硫酸反应首次制备了氢气（时称"可燃空气"）。1773 年，正当电学研究如火如荼时，卡文迪什注意到了万有引力定律的一个推论："空心球壳对内部质点总作用力为零。"这个推论适用于所有满足平方反比定律的力。他立即联想到可以利用这个推论验证电荷之间的相互作用是否也满足平方反比定律。于是，卡文迪什用两个同心金属球壳做了静电实验，证实了电荷之间的相互作用也满足平方反比定律。

卡文迪什最著名的实验是在他近70岁做的万有引力扭秤实验，这一次，他是真正用实验数据证实了万有引力定律，而不仅仅是用推论来间接证明。卡文迪什用石英纤维悬吊起两个金属球，通过另外两个球对其产生吸引作用而使得石英纤维发生扭转，为精确测量扭转值，他巧妙地利用了一个小小的玻璃反射镜，通过光线反射而放大了扭转效果，从而反映出了球体之间吸引力的大小。卡文迪什还测出了万有

H. Cavendish
卡文迪什Ⓦ

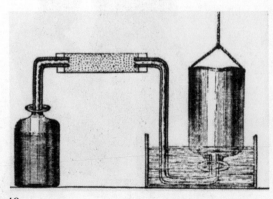

卡文迪什制备氧气的装置Ⓢ

引力常量的具体值，从而人们可以通过开普勒定律算出太阳或者地球的质量，因此卡文迪什又被称为"称量地球第一人"。尽管卡文迪什的科学贡献在多年后才为人所知，后人对他的评价还是非常高的，称之为"继牛顿之后英国最伟大的科学家"。为了纪念卡文迪什，他的后世亲戚威廉·卡文迪什在担任剑桥大学校长期间，捐款在剑桥大学物理系建立了卡文迪什实验室。这个实验室是科学界最为成功的典范之一，从1904年到1989年的85年间就一共产生了29位诺贝尔奖得主。

卡文迪什实验室①

卡文迪什的静电球壳实验毕竟只是平方反比定律的间接证据，真正用实验精确验证静电力之间的平方反比定律的科学家是另一位法国的富家公子——库仑。这位军队出身的公子哥绝不是纨绔子弟，而是技艺精湛的力学工程师。当时，英国科学家普里斯特利根据卡文迪什的实验结果曾经提出，静电力也可能遵循平方反比规律，但缺乏实验验证。而库仑则采用了卡文迪什在验证万有引力定律中用的扭秤做实验，不同的是，这次两个金属球是带电的。通过库仑扭秤实验，他提出了著名的库仑定律：真空中两个静止的点电荷之间的作用力与这两个电荷所带电量的乘积成正比，和它们距离的平方成反比，作用力的方向沿着这两个点电荷的连线，同种电荷相斥，异种电荷相吸（异种电荷相互作用关系是通过电摆实验确定的）。后来，库仑还将静电力公式推广到磁相互作用，描述了两个磁极之间的相互作用形式。库仑定律是电学发展史上的第一个定量定律，成为电学史中一个重要的里程碑。从此，电学研究就从定性阶段进入定量阶段。后人为了纪念他，把电量的国际单位命名为库仑。

库仑Ⓦ

1786年

伽伐尼发现生物电

伽伐尼ⓦ

在电学研究逐步兴起的时候，人们对电既充满敬畏而又感到好奇。富兰克林的风筝实验告诉大家天上的电（闪电）和地上的电（静电）其实本质上是一样的，这让人们对电的神秘力量充满了无限的遐想。

有本著名科幻小说叫做《科学怪人》，讲述的就是一位奇思妙想的科学家用尸体拼凑出一个奇丑无比的巨人，并借助雷电的神力将其变成活生生的人。这个叫做弗兰肯斯坦的巨人为寻求自己的感情而误杀了许多人包括那位科学家，最终引起公愤而遭到猎杀，结局注定是个悲剧。如今我们知道，人类是不可能承受闪电那么大的瞬间电流的，只能被电死或者烤焦。但有趣的是，人类对电流的研究正是从生物开始。

1786年的某一天，意大利医学家和动物学家伽伐尼和往常一样，在实验室开始解剖一只青蛙。一只被剥了皮的青蛙安静地躺在解剖台上，伽伐尼拿起亮晶晶的手术刀准备一刀下去来个漂亮的"庖丁解蛙"，没想到当金属刀片碰到青蛙腿的瞬间，蛙腿神奇地抽搐了几下，同时还噼里啪啦放了几个电火花！伽伐尼当然不会相信所谓"借尸还魂"的谬论，经过反复的实验验证，他认为痉挛的起因是动物的身体本来就带电，也就是所谓的"生物电"。伽伐尼的意外发现引起了科学界的极大反响，从此掀开了又一波的电学研究热潮。几百年后的今天，人们对生物电已经有了更为清楚的认识。生物神经

《科学怪人》封面ⓦ

传递信息其实主要就是通过生物电,而无时无刻不在跳动的心脏和活跃的大脑中都存在各种形式的电波,对应各种不同的生物活动。伽伐尼的发现,实际上是金属刀片将静电引到了青蛙腿上,产生的电流刺激腿部神经然后引发了肌肉痉挛。

意大利的另一位物理学家伏打及时注意到了伽伐尼的实验,作为一名物理学家,伏打没有盲从地接受伽伐尼的解释。伏打隐隐感觉到,让青蛙腿抽搐的确实是来自于电的效果,但电应该不是青蛙与生俱来的(否则它早就把自己电死了),而是外在的金属接触造成的。为此,伏打自己做了一系列的实验,他发现要产生电其实不难,只要将一块金属和另一块金属贴在一起就可以了,而金属和液体(电解质)之间接触就没有电。他还给金属的"发电能力"排了个序:锌、铅、锡、铁、铜、银、金。只需要将前者和后者排在一起,就会产生电流,其中锌和金的结合最为强大。1800年,伏打用锌片与铜片夹与盐水浸湿的纸片叠成一个高高的电堆,通过导线连接出来,他得到了很强的持续电流。人类历史上第一个电池就这样诞生了,后人称之为伏打电堆。

令死蛙腿部收缩的伽伐尼实验ⓦ

伏打电堆的发明,让电学研究不再需要像富兰克林那样冒着生命危险去"捕捉"雷电,或者像吉伯等人那样需要随时摩擦起电,科学家只需要将一堆金属片擦在一起就得到了持续的电源,电学的研究门槛一下子降低了许多。伏打电堆的输出电压并不是特别稳定,后人经过不断改进得到了稳定的恒压电源,这导致了欧姆定律等一系列电学基本定律的发现,而电堆的概念和原理一直沿用到现在的电池当中,默默地为人类生活服务。

伏打出身于一个富庶的天主教家庭,从小就过着悠闲舒适的生活,他喜欢诗歌,也同样喜欢自然科学。年轻时的伏打就喜欢做一些科学实验,并经常

伽伐尼像ⓘ

伏打Ⓦ

伏打电堆Ⓘ

和当时知名的科学家写信交流思想，他还拜访过许多名人，如伏尔泰、拉普拉斯和拉瓦锡等人。伏打发明电堆之后，曾受邀请到拿破仑面前表演神奇的电堆，拿破仑对其产生了浓厚的兴趣，大大褒奖了这位年轻科学家。伏打年老琢磨要退休时，拿破仑极力挽留。这位法兰西皇帝为了说服伏打继续在工作岗位上发挥余热，赏赐了他伯爵称号和大笔的金钱。不过，伏打作为科学家并没有卷入拿破仑的政治纷争，反而是对政治的漠然态度让伏打在科学上做出了其他许多重要贡献。告老还乡后的伏打选择了乡下隐居，独自一人仙然离世。为纪念伏打在电学上的成就，人们将电动势（电压）的单位取名为伏打，符号为V。

伏打于1801年在巴黎向拿破仑展示伏打电堆Ⓦ

1787年

查理定律提出

十七世纪末,法国物理学家阿蒙顿痴迷于对气压计和温度计的改进,他发现气体的压强和体积都能够随着温度的变化而变化。在研究了不同的气体之后,阿蒙顿指出,在给定的温度变化情况下,每种气体的体积变化量相同。由此,他设想出一个"终冷"的温度,在这种温度下,气体将收缩到不能再收缩的程度。1699年,他发表了自己对气体的观察结果,但由于实验条件的限制,这个设想提出后便无人问津。

查理Ⓦ

查理制成的氢气球实现载人飞行Ⓦ

将近一个世纪后,随着实验技术的进步,科学家开始对气体的热膨胀规律进行系统的研究,其中取得较大进展的有爱尔兰物理学家玻意耳、法国物理学家雅克·查理以及法国物理学家盖-吕萨克等。

查理原本在法国政府财政部当职员,对科学的浓厚兴趣使他辞了职,专心摆弄各种科学仪器。与同时期的其他科学家一样,查理的研究领域非常广,包括化学、电学、热力学、分子物理学等。1783年,蒙戈尔费耶兄弟制成热气球后不久,查理便制成了世界上第一个氢气球。后来,还成功实现了氢气球的载人飞行。

1787年,查理做了一个实验,在五个气球中分别充入氧气、氮气、氢气、二氧化碳和空气这五种气体,并使它们的体积保持相同,然后让这些气球的温度逐步升高,结果发现相同温度下,这五种气体的膨胀率完全一样。当压强维持一定时,定量气体温度每升降1℃,体积就会增减其在0℃时体积的1/267(1847年法国化学家雷诺将其修正为1/273)。当时查理觉得物质的热胀冷缩是人人皆知的现象,他只是把它整理成一个公式而已,所以并未把它正式发表出来。1802年,法国另一名物理学家盖-吕萨克用更加严谨、繁琐的实验得到了与查理同样的结论。由于这个定律最早

盖-吕萨克Ⓦ

由查理提出,故被称为查理定律,不过也有人认为,盖-吕萨克重新提出这个定律才使它得到人们的重视,盖-吕萨克功不可没,因此这个定律又被称为查理-盖吕萨克定律。数十年后,英国物理学家威廉·汤姆孙重新确立了查理定律的热力学意义,制定了新的温标——热力学温标。阿蒙顿当年设想的"终冷",其实就是热力学温标的绝对零度。

后来,盖-吕萨克继续研究气体温度与压强的关系,并发现了一个与查理定律非常相似的定律:在一定的体积下,定量的任何气体,其压强随着温度上升。

GAY-LUSSAC ET BIOT A 4,000 MÈTRES DE HAUTEUR (1804)

1804年,盖-吕萨克乘热气球研究地球大气温度与湿度随高度的变化Ⓦ

1800 年
赫歇尔发现红外辐射

1800 年,德裔英国天文学家赫歇尔做了一个著名的实验。他用棱镜将太阳光分散成彩虹一般的多色光谱,然后用温度计测量了每种颜色光的温度,并与待测光之外其他区域的温度进行对照。使赫歇尔惊讶的是,各种颜色的光束处的温度都明显高于对照温度。赫歇尔尝试着测量了红色光附近"空无一物"处的温度。更让他惊讶的事情发生了,这一区域的温度甚至比红色光区域还要高!

赫歇尔Ⓦ

赫歇尔把这部分位于光谱中红色区域之外的辐射称为"红外线"。红外线也像可见光一样,具有反射、折射、吸收等性质。赫歇尔这一实验的重要性,不仅仅在于发现了红外线,更重要的是这是人类第一次发现肉眼看不见的辐射形式,为天文学研究打开了一扇新的窗口。

赫歇尔的兴趣十分广泛,他一生制作望远镜 400 余架,用于观测各种天体,其中一架还被送往中国。在众多自制望远镜中,最大最著名的是一台口径 1.22 米、焦距 12.2 米的大型金属反射面望远镜,借助这架望远镜,赫歇尔发现了土星的两颗新卫星,英国皇家天文学会的会徽即为此望远镜。赫歇尔的各项天文研究中最为著名的,当属 1781 年发现了行星天王星。此外,赫歇尔还是一位优秀的音乐教师和乐团领队,编写过许多乐曲。

为了纪念这位伟大的天文学家,欧洲空间局将 2009 年 5 月份发射升空的远红外线和亚毫米波望远镜(FIRST)命名为赫歇尔空间望远镜。

赫歇尔于 1789 年建造的口径 1.22 米反射式望远镜Ⓦ

1800年
托马斯·杨提出光的干涉概念

光作为自然界最为常见的一种"看得见、摸不着"的物质,长久以来都是物理学家研究和争论的核心之一,在对光的本质的逐步深入认识过程中催生了量子力学和相对论这两个伟大的物理学体系。光究竟是什么?它由什么组成?又有哪些特殊性质?

水波的干涉Ⓨ

早在公元前400多年,中国的墨子就曾发现光的直线传播能实现小孔成像。历史上,托勒玫、达芬奇、开普勒、斯涅耳等著名科学家都曾对光有所研究。提出光的本质问题的是笛卡儿,他从理论上指出光的本质有两种可能性:一是类似于微粒的物质,即可能是粒子;二是一种以"以太"为媒质的压力,即可能是波。此后,光是粒子还是波的争论一直持续了数百年。

17—18世纪期间,牛顿用棱镜分光等实验揭示了光的颜色之谜,他坚持认为光是粒子,所有光的折射、反射现象都可以用光的微粒特性来解释。作为当时的"大学霸"之一,牛顿拥有一大群粉丝,于是光的粒子说一度统治了科学前沿。然而,总有一些科学家不愿随大流。意大利的格里马蒂就用光的衍射实验类比水波的衍射,说明光的本质是波。而英国的胡克重复了格里马蒂的实验,并且通过对肥皂泡膜颜色的观察,支持光的波动说。但是由于牛顿声望极高,胡克的学说遭到了严厉的抨击,而为波动说扛大旗的惠更斯不久也离开了人世,波动说很快就在粒子

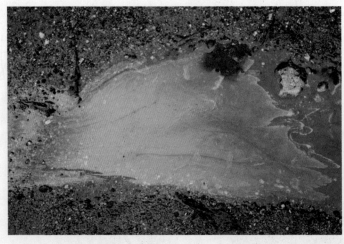

薄膜使阳光产生干涉条纹Ⓨ

说面前落于下风。

直到1800—1807年，新一代波动说掌门人托马斯·杨重振波动说学派雄风，他首先从理论上分析光和声波以及水波都具有许多类似性质，例如衍射——通过小孔后会形成强弱不同的条纹。要证明光是波，那么必须找到波的典型特征——干涉，即两束光交汇后会产生明暗相间的条纹。就像往水池扔下两颗石子，水波相遇时会生成新的强弱变化波动模式。杨随后用著名的杨氏双缝干涉实验证明了他的观点：让一束单色光穿过小孔衍射到另两个小孔上，在两个小孔背后的接收屏上观察到了明暗相间的条纹。

托马斯·杨ⓦ

杨对实验结果的解释是：光和声波一样，都具有波动性。这并不完全准确（声波是纵波，光波是横波），但从根本上证明了光的波动说。后来，在物理学家菲涅尔、夫琅和费、施维尔德、法拉第、麦克斯韦、赫兹等人的不断探索下，人们逐渐认识到光的波动特征，并发现可见光其实只是电磁波谱的一部分。

随着物理学的发展，光是粒子还是波的争论远没有结束，无数实验和理论研究为该问题展开了大讨论。20世纪初，瑞士专利局的一位小职员从光电效应出发，说明光其实还是一种粒子，尔后他又从人们寻找光的波动载体——以太的实验认识到光速不变原理，从而导出了相对论。这位小职员叫爱因斯坦，新一代物理大师。新的物理学就因光的本质问题而展开！

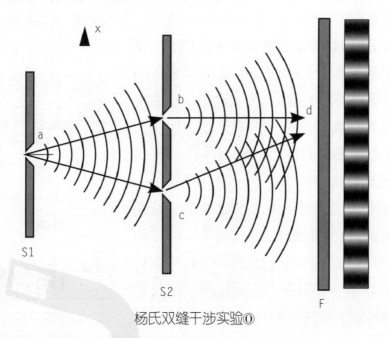

杨氏双缝干涉实验①

1803年
道尔顿提出原子论

我们的世界是无限可分的吗？自古以来人们从哲学上不断地探讨过这个问题。从形象上来看，一个苹果可以一分二，二分四，四分八……似乎可以永远不断地切下去——如果你的水果刀足够小且锋利的话。会不会分到最后，到了一个无法分割的最小单元呢？古希腊哲学家留基伯和他的学生德谟克利特就认为确实存在一个最小的"不可分"单元，他们把它叫做原子（希腊文就是"不可分"的意思），原子和虚空共同组成了世间万物。

道尔顿Ⓦ

此后2000多年，人们对微观世界是否存在基本单元的讨论主要还是停留在哲学阶段。就如同中国古代人认为万物都是由"金、木、水、火、土"五行来组成一样，人们对物体的基本单元仍然不甚清楚。直到17—18世纪，科学实验开始盛行，物理学概念光凭抽象理论往往不足以说服别人，实验现象显然更具说服力，原子的科学概念也随之建立起来。

1789年，法国化学家拉瓦锡首先从化学角度给出了原子的基本定义：原子应该是化学变化中的最小单位。1803年，英国化学家和物理学家道尔顿正式提出了科学意义上的原子论。他这一学说并不是基于抽象的哲学，而是他长年以来在记录气象观测数据中悟出的一个物理规律——道尔顿分压定律：对于同一容器内混合的多种气体，若气体间没有发生化学反应，则每一种气体都均匀地分布在整个容器内，它所产生的压强和它单独占有整个容器时所产生的压强相同。用原子论来解释该定律非常简单：组成各种气体的

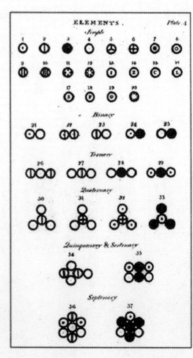

道尔顿对原子和分子的描述Ⓦ

原子不同,它们可以均匀分布到容器中。道尔顿认为原子在化学反应中不可再分,化学反应其实就是不同原子之间的结合或者分离,因此原子的相对质量可以通过化学反应来测量。尽管道尔顿的原子论还存在许多局限性,如他没有意识到原子和分子之间的区别,以至于晚年时候还竭力反对分子式这一概念,而且他

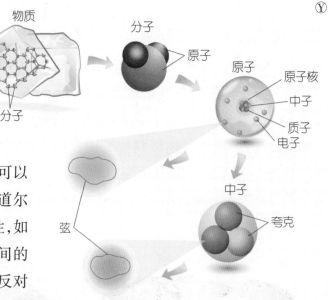

测得的原子量也和实际情况差别很大,但科学上的原子论提出让人们对微观世界的认识更进了一步,从此人类的好奇心深入拓展到了微观世界。

如今,科学告诉我们,世界确实由无数个很小的原子组成,原子的直径在 10^{-10} 米左右(百亿分之一米)。物质中原子间隔大概在一倍到千倍原子直径之间,小小的一滴水里面的原子数目有多少? 10^{23} 个!即 1 千万亿亿个!这可是天文数字,即使让全地球 60 亿人来数,也要几十万年才能数完!正是因为原子具有不同的组合和排列方式,才构成了缤纷多彩的世界。例如碳原子,它既可以通过层状六角蜂窝的形式结合成质地柔软的石墨,也可以通过密集堆积的方式结合成世界上最硬的材料——金刚石,更可以"和谐团结"一起组成一个足球烯——C_{60},甚至可以成为一根微观世界的"管子"——碳纳米管。认识物质中原子排布情况主要靠精密的 X 射线、中

道尔顿像❶

子和电子衍射实验手段,一些科学手段甚至能够间接"触摸"和"感知"原子。

回到前面那个哲学问题,原子是否可以再分? 当然可以! 从化学意义上来说,原子确实是最小的基本单元,但是从物理意义来说,原子是有内部结构的! 原子由带正电的原子核和带负电的核外电子构成,原子核直径是原子直径的十万分之一到万分之一,电子就更小了。原子核又由不带电的中子和带正电的质子组成,中子和质子的内部则是三种夸克。夸克和电子有没有内部结构? 这是现代物理学尚无法给出确切答案的问题。也就说,我们的世界是否无限可分? 至今仍没有科学答案。但我们知道,随着科技的发展,人们对微观世界的认识定然会更加深刻。

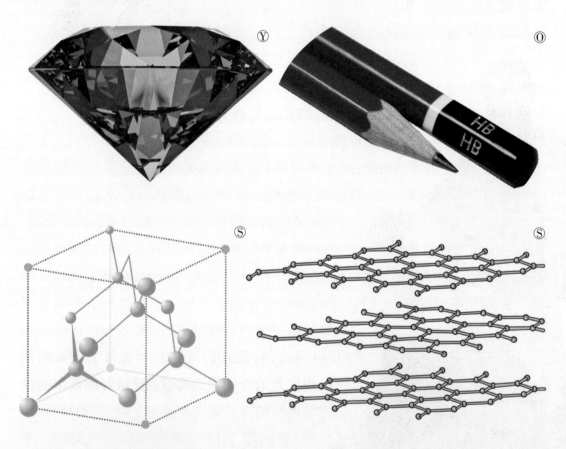

钻石和铅笔芯都是由碳原子构成的,它们的区别在于碳原子的排列方式不一样

1815 年
惠更斯—菲涅耳定律提出

光的本质究竟是粒子,还是波?这个问题纠结了物理学家近两个世纪。起初,在物理学大师牛顿的推动下,光的粒子说占统治地位达一个世纪之久。但是,人们还是逐渐发现了不少粒子说所不能解释的物理现象,比如牛顿本人所发现的牛顿环——衍射圆环。

菲涅耳Ⓦ

惠更斯—菲涅耳原理是以波动理论解释光的传播规律的基本原理,它是研究光的干涉、衍射现象的重要理论基础。该原理由荷兰物理学家惠更斯首次提出,并正确地解释了光的反射定律、折射定律和双折射现象。但是,惠更斯的理论并未涉及光的波长等概念,故仅靠惠更斯原理不能完善解决光的干涉、衍射等问题。1815年,菲涅耳在保留惠更斯原有次波概念的基础上,引入波的相干叠加的性质,从而补充完善了惠更斯的理论,成功地解释了波的干涉和衍射现象。惠更斯—菲涅耳原理的主要内容为:行进中的波阵面上任一点都可以看作是新的次波波源。而从波阵面上各点发出的许多次波会形成一个包络面,此包络面就是原波面在一定时间内所传播到的新的波面。

惠更斯Ⓦ

惠更斯—菲涅耳原理是波动光学领域的重要里程碑,它使人们对光的本质有了全新的认识。光的波动理论能够成功解释困扰牛顿多年的牛顿环光学现象、1800年托马斯·杨发现的光的杨氏双缝干涉现象等。在1821年,菲涅耳还使用数学方法,使光的偏振现象在波动理论上得到了唯一解释。后来,法国人泊松完善了菲涅耳的数学证明,从而打败了流行两个世纪之久的光的粒子说。

1820 年
奥斯特发现电流磁效应

磁学和电学是自然科学中最早的两个研究领域,从远古时代的电闪雷鸣到近代的富兰克林风筝实验和避雷针的发明,从中国古代认为磁石是"慈爱的石头"而拥抱铁器到近代指南针的发明,电和磁一直是人们好奇且想为己所用的自然现象。可是,电和磁之间是否存在联系呢? 19世纪的物理学大亨库仑和安培起初都坚信,电和磁之间风牛马不相及,两者毫无干系。不过丹麦人在课堂上的一个意外,彻底颠覆了人们的呆板认识。

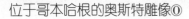
位于哥本哈根的奥斯特雕像①

19世纪的丹麦是一个童话的世界,因为这里有世界上最美的童话和最出色的童话作家——安徒生。大街上口口相传的《卖火柴的小姑娘》和枕头边温馨夜话的《丑小鸭》悄悄地在每个人心中种下了一颗童话的种子,其中包括安徒生的挚友——年轻教师奥斯特。如童话中的魔法一样,物理学魔法在奥斯特的实验课堂上发生了。当时奥斯特正在演示电学实验,在电路导线旁边随手放了一个小磁针,电路通断的一瞬间,奥斯特看到了神奇的一刻——小磁针居然在没有任何外界接触的情况下发生了摆动。虽然听众的注意力并不在这个小小的磁针上,但奥斯特自己却激动万分,差点在讲台上摔倒。因为奥斯特在研究库仑的实验结果之后,早已明白静电和静磁之间确实不能发生相互作用,他就猜测运动电荷和磁之间可能存在相互

奥斯特演示电流的磁效应实验⑩

作用,这一次实验现象正如他所料！之后,奥斯特做了一系列实验,确认了闭合回路中的电流能够使磁针发生偏转,而对非磁性物质则没有任何作用。1820年7月21日,奥斯特发表论文《论磁针的电流撞击实验》,一石激起千层浪。许多电学研究者如梦方醒地认识到了电和磁之间的密切联系,无数个实验迅速开展起来。

安培Ⓦ

1820年7月,在奥斯特宣布发现电流磁效应的第二天,法国物理学家安培就重复了奥斯特的实验,同时他还做了更进一步的电流和电流之间相互作用的实验。根据实验结果,安培明确指出磁针偏转方向和电流方向关系符合右手定则(安培定则),两条互不接触的平行载流导线之间存在相互作用,并总结出电流相互作用与电流大小、间距、取向的规律。安培根据电流磁效应制作了第一个螺线管磁体,在此基础上发明了测量电流大小的电流计。安培另一重要的科学贡献是他的分子电流假说,他从现象出发解释了自然界物质磁性的物理来源,这一假说为人们认识磁的起源提供了方向。这位痴迷物理学的科学家有着许多轶闻趣事,有一次安培沿着塞纳河边走路边思考问题,沿途拣鹅卵石并扔出去玩,然而到了学校之后却发现兜里的怀表变成了鹅卵石,原来怀表被不幸扔进了塞纳河。又有一次,他在逛街途中想起了一个科学问题,

20世纪初教学用的安培计Ⓘ

于是拿起随身的粉笔就在街头的一块"黑板"上演算起来,没想到"黑板"开始动了并越跑越远,安培却拿着粉笔满大街追起了"黑板",直到实在追不上了才停下,原来"黑板"是一辆马车的车厢后板。

电磁学作为一门综合学科,正是从奥斯特的发现和安培的实验开始。后人为了纪念他们对物理学的贡献,决定采用"奥斯特"作为磁场强度的单位,符号为Oe,采用"安培"作为电流强度单位,符号为A。

1824年
卡诺循环和卡诺定理提出

卡诺Ⓦ

19世纪初,第一次工业革命在欧洲逐步兴起,蒸汽机的运用使得欧洲日益工业化,极大地促进了人类文明的进程。但是,人们虽然知道怎样制造和使用蒸汽机,却对蒸汽机相关的热学理论了解不多。由于蒸汽机的效率始终很低,人们迫切想知道:如何才能提高蒸汽机的效率?蒸汽机的最大效率是多少?是否可以通过改变工作物质来提高蒸汽机的效率?

1824年,法国物理学家、工程师卡诺创造性地设计了一个理想的卡诺循环实验。他想象一种可逆的循环热机在两个温度之间运转,包含可逆等温膨胀、可逆绝热膨胀、可逆等温压缩和可逆绝热压缩四个过程。工作物质使热量从高温热源流向低温热源,同时对外做功。在实际应用中,工作物质可以是任何能传热并能大幅膨胀的气体,例如水蒸气、酒精蒸汽。而对外做功可以通过推动活塞运动实现。

整个循环过程既没有摩擦损耗,也没有热损失。经过一番推理计算,他发现:

1.在相同的高温热源和相同的低温热源之间工作的一切可逆热机,其效率都相等,与工作物质无关,与可逆循环的种类也无关。可逆热机的效率正比于高温与低温热源的温差。

2.在相同的高温热源和相同的低温热源之间工作的一切不可逆热机,其效率都小于可逆热机的效率。

在现实生活中,能量损耗不可避免,因此可逆卡诺循环只是一种理想实验,是不可能实现的。然而,可逆卡诺循环是一种理想模型,对它的研究为建立实际模型、研究实际问题提供了方向。很多物理学家如爱因斯坦等,常用这种理想实验来研究最艰深的问题。

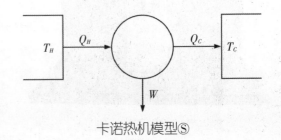

卡诺热机模型Ⓢ

1826 年
欧姆定律提出

在库仑、奥斯特、安培等诸多科学家的影响下，19世纪的人们已经清楚地知道，电荷在某种外力的驱动下会发生流动而形成电流。我们知道，在小河沟里有水草和礁石会阻碍水流的前进，而且河道的宽窄也同样会影响水流的缓急，那么，一大堆电荷在导线中奔跑会不会遇到阻碍呢？答案是肯定的，只是人们一直难以搞清楚电荷运动为何会受到阻碍以及阻碍的大小受什么因素影响。

乔治·欧姆Ⓦ

准确来说，电流在介质里的运动过程中遇到的阻碍叫做电阻。电阻的发现以及测定，来自德国一位锁匠的儿子。老锁匠依靠自学的数学物理知识培养了两位伟大的科学家：物理学家乔治·欧姆和数学家马丁·欧姆。乔治·欧姆从小就天赋异禀，年仅16岁就跨入了大学校园——埃朗根—纽伦堡大学。可怜的乔治·欧姆却因为家境贫寒而不得不辍学，断断续续学习，直到10年后才完成博士学业。为了养家糊口，年轻的乔治·欧姆选择在中学教授物理学，尽管中学的实验条件和大学有着天壤之别，但却从未磨灭他追求科学真理的希望。为了开展他所感兴趣的电学实验，他经常亲手制作仪器。根据奥斯特发现的电流磁效应和库仑发明的静电扭秤，德国科学家施韦格尔

乔治·欧姆的母校埃朗根—纽伦堡大学，德国最著名的大学之一Ⓦ

成功发明了电流计——电流使得磁针发生偏转，测量偏转的扭力就可以知道电流的大小。乔治·欧姆也自己制作了一台电流扭秤用以测量电流大小，为了获得稳定电压输出电源，乔治·欧姆经过不断尝试最终放弃了伏打电堆，而采用铋铜温差电偶作为电源。1826年，乔治·欧姆用他自制的仪器证明对于外形固定的导电介质，其两端电压和通过的电流大小之比是一个恒量，这就是欧姆定律。通过测量不同形

早期1欧姆标准电阻Ⓦ

状的同种材料导电介质在电压恒定的电路中的电流大小，就可以得出电流和材料的长度成反比而和材料的横截面积成正比的结论。由此可知，欧姆定律的实

质是给出了电阻的定义，若进一步剔除材料的长度和横截面积的影响，就可以得出电阻率的定义。正是如此，乔治·欧姆测量了不同金属材料在室温下的电导率（电阻率的倒数），证实它们的电导率在相同环境下只与材料有关。乔治·欧姆的实验使人们认识到材料的电阻可以通过其两端的电压和通过的电流之比来衡量，对电学研究有重要的指导意义。

欧姆定律提出之初，科学界并不十分认同，许多人对乔治·欧姆利用自制仪器所做的实验也持怀疑态度，甚至有人认为"这个定律太简单了"，以至于"不可信"。乔治·欧姆本人也为此感到十分痛苦和失望。然而自然界本身就是崇尚简洁之美的，1831年，一位叫做波利特的科学家再次验证了乔治·欧姆的实验结果，欧姆定律才被人们所认同和接受。1841年，英国皇家学会授予乔治·欧姆科普利金质奖章，并且宣称欧姆定律是"在精密实验领域中最突出的发现"。1854年，乔治·欧姆与世长辞。十年之后人们为纪念他的贡献，把电阻的单位称为欧姆，符号为希腊字母Ω。

欧姆像Ⓞ

1827 年
发现布朗运动

常言道:"生命不息,运动不止。"生命在于运动,其含义不仅仅是指维持健康的生命需要不断地运动,还从另一方面体现生命的典型特征——运动。大到世界上最大的动物——蓝鲸,小到世界上最小的细菌,它们都是在不断地运动着。那么,对于没有生命的物体而言,它是否也在运动?

布朗ⓦ

1827年,英国植物学家布朗告诉了我们微观世界运动的奥秘。布朗原本是准备用显微镜观察微生物的活动特征,然而他发现水中悬浮的花粉颗粒,似乎也在不停地运动。起初布朗还以为花粉是有生命的个体,所以在水中"游动"。当他把水换成酒精,又把花粉晒干,折腾数次后希望能够彻底"杀死"花粉,却仍然发现液体中的花粉颗粒还是在不停地运动,换做其他无机物颗粒,也是"运动不止"。有意思的是,他把颗粒运动的轨迹记录下来后发现,这些轨迹简直是一团糟乱的线——毫无规则可言,而且温度越高则运动越剧烈,显然,这并不是生命体的运动方式。1828年,布朗把花粉颗粒的运动写成了论文,描述道:"在经过多次重复的观察以后,我确信这些运动既不是由于液体的流动,也不是由于液体的逐渐蒸发所引起的,而是属于(花粉)粒子本身的运动。"后来人们把这种微小颗粒的无规则运动称作"布朗运动"。

布朗运动发现后的50余年里,科学家一直没有很好地理解其中的奥秘。直到原子和分子的概念广泛被人们所接受之后,才有人指出,布朗运动其实是花粉颗粒受水分子的不均匀撞击所致。因为液体是由大量分子组成的,微观状态下的分子

布朗的显微镜ⓕ

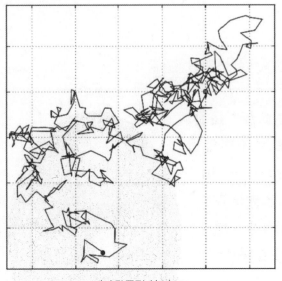

布朗运动轨迹℗

会不停地做无规则热运动,从而不断撞击悬浮颗粒,当悬浮颗粒足够小时,它受到的液体分子撞击将不能达到平衡而驱使颗粒朝某个方向运动,由于分子热运动是无规则的,故反映到颗粒的运动也是无规则的,温度越高,分子的热运动越剧烈,布朗运动也更剧烈。因此,布朗运动实际上间接反映了分子的热运动现象,也是原子分子存在的间接证据。

布朗运动定性上可以用分子热运动来解释,不过许多人其实一直对分子和原子是否存在仍持怀疑态度。直到1905年,科学伟人爱因斯坦在他的博士论文中首次对布朗运动给出了定量的理论解释。爱因斯坦还从理论上给出了分子热运动的统计力学模型,并预言只要精确测定颗粒在液体中的扩散速度就可以给出阿伏伽德罗常量值。阿伏伽德罗常量是化学中的一个重要参数,是沟通微观世界和宏观世界的桥梁,它表示在零摄氏度、一个标准大气压下,同体积的任何气体都含有相同的分子数。含有阿伏伽德罗常量个分子的物质的量称为1摩尔,比如1摩尔水的质量是18克。1908年,佩兰依据爱因斯坦的理论,通过实验精确测定了阿伏伽德罗常量,并且实验的可重复性非常高。从此,人们彻底接受了原子和分子的概念。

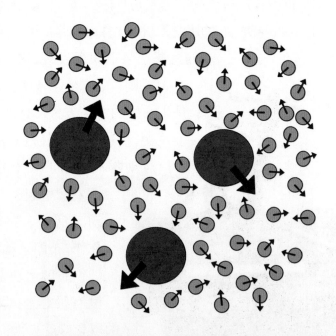

布朗运动微观解释:液体分子不停地做无规则热运动,从而不断撞击悬浮颗粒,当悬浮颗粒足够小时,就会做无规则运动Ⓢ

1831年
法拉第发现电磁感应现象

1820年，丹麦的奥斯特发现电流能够使小磁针发生偏转，一方面这可以理解成运动电荷可以产生磁场，另一方面也可以认为电流可以产生磁场，从而可以和小磁针发生相互作用。一个自然而然的问题就此提出：既然运动的电荷可以产生磁，那么运动的磁是否可以产生电呢？回答这一问题的是一名英国物理学家——法拉第。

法拉第ⓦ

1791年，英国的一家铁匠铺迎来了一个新生命，他叫迈克尔·法拉第，和许多工匠的儿女命运一样，法拉第的最高学历只是小学二年级。为了在伦敦这样繁华的大都市生存，法拉第用他瘦弱的肩膀承担起了家庭的一份责任。9岁做学徒，12岁做报童，14岁做图书装订工……，法拉第的童年就是一部打工史。童工的生活并不安逸，法拉第没有自暴自弃，而是苦中作乐，在知识的海洋中寻找思维的乐趣。书店里，法拉第有机会接触到各种书籍，他尤其对自然科学类书感兴趣，特别是《大英百科全书》里的电学部分深深吸引了他。善于动手的法拉第尝试自己做了一些小仪器，并饶有兴致地开展了几个物理小实验。他还组织年青人成立科学讨论小组，业余时间就天马行空地讨论

法拉第做科学演讲ⓦ

科学问题。为了汲取更多的知识营养，19岁的法拉第时常跑到市政厅去听取科学演讲。最令法拉第感到幸福的是听皇家学会戴维爵士的化学演讲，作为戴维的忠实粉丝，法拉第认真记录了每一场演讲内容，还细心地装订成册，名曰《戴维爵士演讲录》。一

实验室中的法拉第Ⓦ

年圣诞节,法拉第怀着崇拜的心情把演讲录寄给了他的偶像戴维作为圣诞礼物,并附上了他的自荐信。戴维被这位年轻人打动了,写信邀请法拉第过来做他的助手。从此,法拉第从一个仆人和助手的身份开始,正式踏上了科学研究道路。

在戴维的实验室里,法拉第大胆开展了许多化学和物理实验。他发现了氯气等气体的液化方法,总结出了电化学的电解定律,发现了磁光效应等,其中最著名的就是发现电磁感应现象。1822年,在得知奥斯特发现通电导线能产生磁效应后,法拉第就坚信,既然电能产生磁,那么磁也必然可以产生电。他将自己的想法默默记在笔记本上,随后开展了许多实验来验证自己的想法。一晃十年过去了,法拉第终于有一天在实验室发现了"磁生电"的现象。经过几十个实验的验证,他确信电磁感应现象是与某种"动态变化"相联系的,即运动的电会产生磁,因此运动着的磁也会产生电。不仅如此,法拉第还联想到把线圈进行组合:让一个线圈通上变化的电流,产生变化的磁场,导致其附近的另外一个独立的线圈也感应出另外一个电流,这就是如今变压器的原型。为了解释这个现象,法拉第天才般地想象出在看似空荡荡的空中存在着肉眼看不到的力场,正是这种力场把两个线圈耦合起来。法拉第认为电流和磁场周围都存在"场",场的强度和方向可以用"力线"的方向和密度来表示,处在场中的电荷或者磁性物质将会因此受到作用力。他用铁屑撒在磁铁周围,非常形象地"看"到了磁场的分布。"场"的概念后来被物理学家发扬光大,成为描述自然界相互作用的基本概念,是近代物理学的基础。

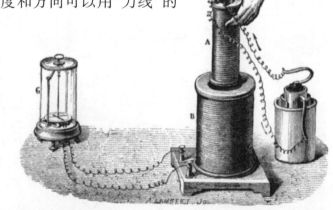

法拉第的电磁感应演示实验:左边是电流计,中间是一大一小两个线圈,右边是液体电池,为小线圈供电Ⓦ

1834年，俄国科学家楞次对感应电流的方向给出了明确的描述。1845年，德国物理学家诺伊曼定义了电动势概念，从而完整地建立了法拉第电磁感应定律。电磁感应现象的发现，让之前一贯研究静电和静磁现象的物理学家眼前一下子生动起来，变化的电和变化的磁之间充满无数尚待探索的奥秘。随后对电磁学的深入研究中，麦克斯韦最终用漂亮的方程统一了电磁相互作用并预言了电磁波的存在，这个预言被赫兹的实验证实了。在爱迪生、特斯拉等天才的努力下，电和磁这种常见的物理现象应用到了人类生活中，发电机、电报机、电话、电动机、电灯、无线电等一系列电磁学发明彻底改变了人类社会，形成第二次工业革命。这一切都要感谢法拉第为电磁学奠定的基础！

法拉第在科学上做出了伟大的贡献，在生活上又是一个极其平凡的普通人。他经常做公众科普演讲和组织科学讨论会，编有著名的科普读物《蜡烛的故事》。他为人质朴、谦虚谨慎且不图名利，以至于外人来皇家学会做实验时会误认他是看门人。在法拉第的实验记录本里，几乎没有任何数学公式，全是他实验过程的一张张图表，直观形象地显示了物理图像。他不愿意为拿高额的报酬而接受皇家学会会长的提名，他认为这会因此而影响他的科研工作。他想做的，只是一个普通平凡的公民，可以自由畅游科学的海洋。

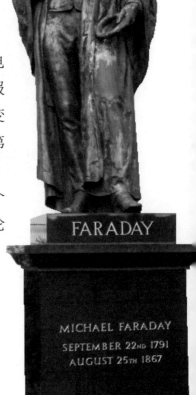

法拉第像①

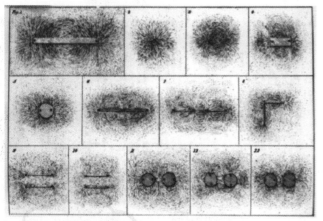

法拉第的实验记录手稿，撒在磁铁旁的铁屑显示了磁场的存在⑫

1867年8月25日，法拉第在他书房里安详地去世。他被葬在普通人的公墓里，墓碑上只有他的名字和出生年月。物理学界为了纪念法拉第，选取电容单位命名为法拉第，符号为F，让后世永远铭记这位平民大科学家。

1840 年
焦耳定律提出

其他形式的能量可以转化为热能吗？当然可以。但是两三百年前的科学界不这么认为，当时的人们普遍认为热的本质是一种叫做"热质"的神秘物质，热质既不能产生也不能消灭，只能从高温物体流向低温物体。但是也有另外一种声音，以牛顿、培根等人为代表，认为热是物质粒子的机械运动。

焦耳ⓦ

英国著名实验物理学家焦耳深信热是物体中大量粒子机械运动的宏观表现。他认为应该以大量确凿的科学实验为基础来建立这一新理论。焦耳幼年体弱，没有受过正规的学校教育，但是他认识了道尔顿，在道尔顿的指导下自学化学、数学、物理学知识。父亲为他造了一个实验室，他就在自己的实验室里慢慢摸索。他经常参加曼彻斯特的各种学术讲座，结识了不少科学技术方面的学者。当时，法拉第正好发现了电磁感应现象，焦耳对电机、电池、电磁铁等充满了好奇，于是着手设计一些简单精巧的实验开始尝试电磁方面的研究。在研究中，焦耳发现电机和电路很容易发热，这使他立即联想到摩擦生热，经过精密的测试，他确信电路产生的热和摩擦产生的热都是能量的转化造成的。

1840 年，焦耳向英国皇家学会递交了论文摘要《关于伏打电产生的热》，并于 1841 年向《哲学杂志》投稿文章《关于金属电导体和电池在电解时放出的热》。两文中，焦耳详述了他的实验装置、实验过程、

坐落在曼彻斯特市政厅的焦耳像①

以及精确测量结果,并提出了著名的焦耳—楞次定律"当一种已知量的伏打电在已知时间内通过一个金属导体时,无论该金属导体的长度、直径、材料如何,其所放出的热量总是与它的电阻及通过导体的电流强度的平方成正比。"

后来,焦耳又做了大量的实验,逐渐领悟到了一个具有普遍意义的规律,这就是热和机械功可以互相转化。为了精确测量热功当量,焦耳设计了不同的实验装置。其中最重要的为桨叶搅拌器,如图所示,用重物下落做功,去带动许多叶片转动,这些叶片搅动容器里的水,与水摩擦产生热,使水温升高,盛水的容器与外界没有热量交换。1850年,焦耳作了一个《热功当量》的总结报告,全面整理了他几年来用桨叶搅拌法和铸铁摩擦法测热功当量的实验。

此后将近30年的时间里,焦耳又先后做了400余次实验,更进一步精确研究了功和热量相互转化的数值关系,最终在1878年测得的最精确热功当量值是772.55呎·磅/℉,相当于4.156焦/卡,与现今的热功当量标准值4.1868焦/卡相比,误差在1%以内。772.55这个数字被刻在焦耳的墓碑上,以纪念他的伟大贡献。

焦耳的实验工作以大量确凿的证据否定了热质说,并确立了"一定热量的产生(或消失),总是伴随着等量的其他某种形式能量的消失(或产生)。并不存在什么单独守恒的热质,事实是热与机械能、电能等合在一起是守恒的"的正确结论,这最终引出了能量转化和守恒定律,即热力学第一定律。

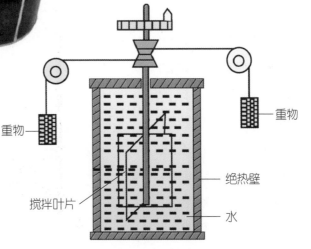

焦耳测量热功当量的实验装置(上图,Ⓦ)和实验原理图(右图,Ⓢ)

重物

重物

绝热壁

搅拌叶片

水

1848 年
威廉·汤姆孙提出绝对温度和绝对温标

威廉·汤姆孙Ⓦ

在华伦海特和摄尔修斯等人相继提出华氏温标和摄氏温标之后,温度逐渐成为物理学研究中常用的一个参数,人们发明了各式各样的温度计来测量温度。但是,每种测温物质都有各自的局限性,测量范围、测量精度各不相同。不同的温度计生产商就会根据自己测温物质的特点设置不同的零度参考点和刻度间隔。这样一来,同一个物体的温度用不同的温度计测量之后,读数总会大相径庭。这在科学研究上是极其不方便的。为了解决这一混乱局面,就必须找到一种完全不依赖测温物质属性的温度标准。

1848 年,英国物理学家威廉·汤姆孙根据卡诺定理推导出一个与测温物质无关的绝对温度。他把卡诺循环中的热量作为测定温度的工具,即热量是温度的唯一量度,从而建立了不依赖于任何测温物质的温标——热力学温标(又称绝对温标),它与摄氏温标的换算关系为:$[K]=[℃]+273.15$。一标准大气压下冰水混合物对应的热力学温度为 273.15 K,摄氏温度为 0℃,华氏温度为 32℉。热力学温标的建立,很好地描述了温度这个物理学参数,1892 年威廉·汤姆孙因为热力学的重要科学贡献而被授予"开尔文勋爵"称号,热力学温标的单位也取名为"开尔文",简称"开",符号为 K。1954 年,国际计量大会确定了热力学温标为标准温标。K 成为国际单位制(SI)中 7 个基本单位之一。在热力学温标中,0 K 就是绝对零度,代表宇宙中最低的温度极限,是一个只能无限逼近的极限值。

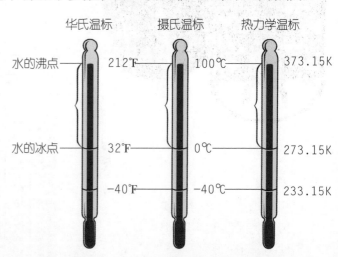

华氏温标	摄氏温标	热力学温标
水的沸点 212℉	100℃	373.15K
水的冰点 32℉	0℃	273.15K
−40℉	−40℃	233.15K

热力学温标与华氏温标和摄氏温标对应关系Ⓢ

1850 年
克劳修斯提出热力学第二定律

19世纪初,由于蒸汽机的应用日益广泛,提高热机效率成为当时一个热门的研究课题。1824年,法国工程师卡诺设计了理想的可逆卡诺循环实验,并根据热质说和永动机不可能,推导出了卡诺定理。但是,作为他论证基础的热质说是不正确的。19世纪中叶,经过许多人的工作,热质说遭到不断的质疑,能量转化和守恒定律逐步建立起来。如果热质不存在,那么卡诺定理还能够成立吗?作为能量的热和作为物质的热有什么不一样呢?

克劳修斯Ⓦ

19世纪中叶,克劳修斯和威廉·汤姆孙以能量守恒定律和热的运动学说为依据,对前人的热理论进行了重新整理。1850年,年轻的克劳修斯发表了一篇关于热力学理论的重要论文《论热的动力以及由此推出关于热本身的定律》,肯定了卡诺定理的基本内容是正确的,即热所产生的动力仅取决于传递的热量和高、低温物体的温差,必须抛弃的只是论证上述结论所依据的"热质守恒"。同时,还首次提出热力学第二定律的克劳修斯表述:"热量不可能自动地从低温物体传递到高温物体,而不引起其他变化。"热力学第二定律的这种表述特别强调了热现象具有方向性,是不可逆的。而这个结论是无法从热力学第一定律得到的,因为"热量自动从低温物体传递到高温物体"的过程在卡诺循环中是允许的。由此可以看出,热力学第二定律是独立于热力学第一定律的新规律,是一个能够反映热过程进行方向的规律。

Ⓢ

热平衡后,盘子里的水不会自发结冰,锅里的水也不会自发变热

冰块融化

热水冷却

1851年,威廉·汤姆孙在一篇公开发表的论文中,根据卡诺定理及克劳修斯的说法,提出热力

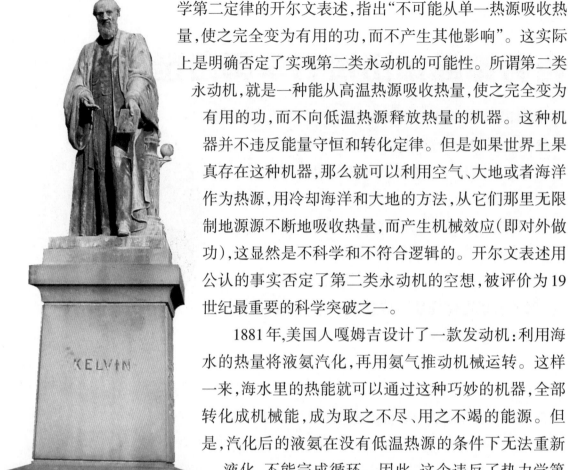

学第二定律的开尔文表述,指出"不可能从单一热源吸收热量,使之完全变为有用的功,而不产生其他影响"。这实际上是明确否定了实现第二类永动机的可能性。所谓第二类永动机,就是一种能从高温热源吸收热量,使之完全变为有用的功,而不向低温热源释放热量的机器。这种机器并不违反能量守恒和转化定律。但是如果世界上果真存在这种机器,那么就可以利用空气、大地或者海洋作为热源,用冷却海洋和大地的方法,从它们那里无限制地源源不断地吸收热量,而产生机械效应(即对外做功),这显然是不科学和不符合逻辑的。开尔文表述用公认的事实否定了第二类永动机的空想,被评价为19世纪最重要的科学突破之一。

1881年,美国人嘎姆吉设计了一款发动机:利用海水的热量将液氨汽化,再用氨气推动机械运转。这样一来,海水里的热能就可以通过这种巧妙的机器,全部转化成机械能,成为取之不尽、用之不竭的能源。但是,汽化后的液氨在没有低温热源的条件下无法重新液化,不能完成循环。因此,这个违反了热力学第二定律的第二类永动机终将以失败告终。

开尔文像ⓦ

热力学第二定律是总结了大量事实而提出的,由热力学第二定律做出的推论都与实践结果相符。当然,热力学第二定律也有它的适用范围和成立条件,它对人们日常生活中遇到的宏观过程是成立的,对于微观过程是否适用,仍是一个值得探讨的问题。

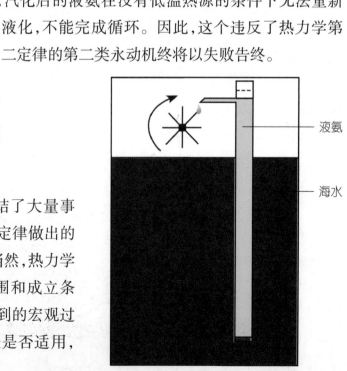

液氨

海水

第二类永动机Ⓢ

1851年
菲佐测量光在流水中的速度

光速是物理学中最重要的物理量之一。可是由于光速太快，直到17世纪，丹麦天文学家罗默才通过天文观测法首次测得光速。

1849年，法国物理学家菲佐利用一个转动的齿轮和一块平面镜设计了一个巧妙的实验，首次成功在地球表面测出了光速。他所测得的光速比之前的天文观测法得到的结果精确很多。

假如光在流水中传播，水流速度会对光速产生影响吗？为了找出准确答案，1851年，菲佐又设计了一个实验测量流水中的光速，被称为"菲佐实验"。

菲佐ⓟ

在实验中，菲佐将一束光劈成两束，让它们分别通过两根水管，其中一束光与水流方向相同，另外一束光与水流方向相反。两束光在通过管子后相互干涉，通过观察干涉条纹，来测量光在流水中的速度变化。实验表明，水中的光速小于空气中的光速。这个实验在当时被认为是证实了"光以太"假说，即光被流水"部分拖曳"了。但是菲佐发现其曳引系数远小于由伽利略速度合成公式推导的理论值，因此他对此实验结果曾长期思索，直到1859年才发表，并预感到其基本假定可能有问题。后来，爱因斯坦建立了狭义相对论，成功解释了实验的结果，使"曳引系数"不再神秘。现在，菲佐实验已成为狭义相对论速度合成法则的重要实验根据。

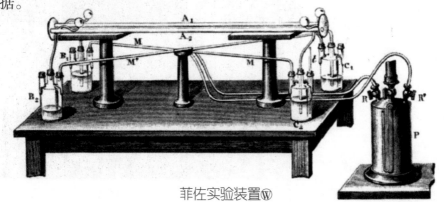

菲佐实验装置ⓦ

1855 年
盖斯勒发明水银真空泵

19世纪的电学研究已是如火如荼,人们认识了电荷、电流、电压、电阻等各种与电有关的物理量,也知道了电磁感应等复杂的电磁学现象。但是,电荷的主要载体——电子还未露出庐山真面目,直到一种神奇的真空玻璃管被研制成功。

盖斯勒Ⓦ

1643年托里拆利发明了水银气压计,并成功地在水银柱上方造成一段真空区。当大家集中精力研究大气压时,德国发明家盖斯勒却对水银上方的真空区产生了浓厚的兴趣。

盖斯勒是一位技艺精湛的玻璃技工,他经营了一家制造兼出售科学仪器的店铺。盖斯勒知道,当时市场上的空气泵虽然能够给密封容器抽真空,但是真空度一直难以让人满意,导致科学家设想的很多重要实验都难以进行。如果水银柱上方的真空可以为我所用,该多好。

1855年,盖斯勒制造了一台可以使水银柱往复运动以形成真空效果的抽气泵,即盖斯勒水银真空泵。借助这种特殊的真空泵,盖斯勒在1857年制作了一个低压气体放电管,后人称盖斯勒管。管两端是金属铂丝作为电极,管内抽成真空后可以再充入各种稀薄气体,从而可以观察气体放电现象。稀薄气体放电可以产生各种颜色的电弧辉光,根据气体种类和气压而产生不同效果。

早在1838年,法拉第就在稀薄气体放电实验中发现,在阴极和阳

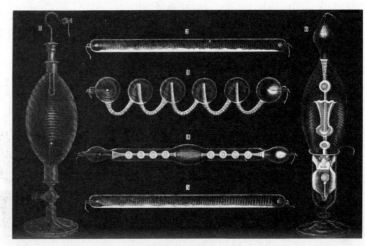

盖斯勒管Ⓦ

极之间的光弧会在阴极附近消失，此处被称为"法拉第暗区"。

1858 年，德国数学家和物理学家普吕克采用质量更高的真空玻璃管研究气体放电现象。他把玻璃管内的空气抽走，使其变得更加稀薄，有趣的是，管内的光线逐渐消失，即法拉第暗区变大了，而同时在阴极对面的玻璃管壁上出现了绿色荧光。普吕克认为，这种荧光是从阴极发出的电流撞击玻璃管壁造成的。后来，德国物理学家戈尔德施泰因将普吕克发现的从阴极发出的带电射线称为阴极射线。

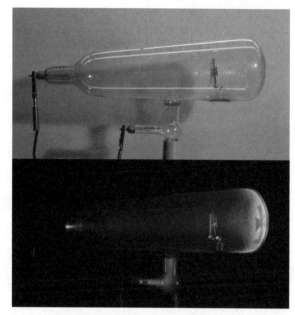

克鲁克斯管产生的阴极射线◎

在此后的几十年间里，阴极射线的神秘面纱一直笼罩在物理学家的实验室里。人们通过各种实验试图认识清楚阴极射线的本质，引发许多物理学新发现，例如德国的伦琴在一次实验中底片意外曝光而发现了 X 射线，他个人于 1900 年因此获得了首届诺贝尔物理学奖。直到现在，X 射线还是科学研究中不可或缺的重要手段之一，同时也在不断地为人类医学和生理学做贡献。1897 年，约瑟夫·汤姆孙用实验证明阴极射线的确是带负电的微粒，也即是电子，阴极射线的说法才最终被替换成电子束。不过，关于阴极射线管的故事远没有结束，人们知道高压放电技术可以产生电子束，由于电子束是运动的电子流，所以可以通过磁场或电场调制其偏转方向，打在荧光屏的不同位置就可以出现所想要的画面。是不是有种似曾相识的感觉？其实这就是显像管的基本原理，早期电视的 CRT 显示器采用的就是这种显像管。由此可见，科技的新发明会对人类科学研究和日常生活带来巨大的变化！

CRT 显示器内部结构图ⓎＴ

1864 年
麦克斯韦方程组建立

1831 年,英国物理学家法拉第发现了电磁感应这一影响深远的物理现象。同年,在苏格兰爱丁堡的一个律师家庭,诞生了另一名科学神童麦克斯韦。这两名英国科学家,似乎注定要在科学上产生某种特殊的联系。

麦克斯韦从小就对身边事物充满了好奇,喜欢向大人提出各种稀奇古怪的问题。由于母亲早逝,麦克斯韦与父亲相依为命,父亲对科学的强烈爱好,对麦克斯韦一生有深刻影响。就读爱丁堡公学期间,麦克斯韦因为来自乡下,带着古怪的乡音,而母亲的早逝使得他只能穿父亲做的奇特衣服,一些同学便因此嘲笑他"乡巴佬"。麦克斯韦没有因此而自卑,而是默默地发奋学习,在一次学校举行的数学和诗歌比赛中,他一人独得两个科目的一等奖,从此,大家开始对他刮目相看。15 岁时,他向《爱丁堡皇家学会学报》递交了人生中的第一篇科研论文,展示出过人的数学天赋。1847 年,麦克斯韦进入爱丁堡大学学习,这里汇聚了一些当时学术界的名人,其中物理学家福布斯和逻辑学教授哈密顿对他影响最深。

麦克斯韦像Ⓦ

爱丁堡大学Ⓦ

大学毕业后，麦克斯韦离开爱丁堡，到英国最著名的学府——剑桥大学深造。在这里，麦克斯韦这匹千里马有幸遇到了伯乐——数学家霍普金斯。起因是霍普金斯去图书馆借一本艰涩难懂的数学书，却发现被一个小伙子借走，他正在埋首做一堆凌乱的笔记，霍普金斯笑着对麦克斯韦说："年轻人，如果没有秩序，你永远成不了优秀的数学物理学家！"从此，麦克斯韦成了名门高徒，他的师兄开尔文勋爵和斯托克斯早已功成名就。23岁的麦克斯韦开始对电磁学有了浓厚的兴趣，其中法拉第的《电学实验研究》成为他的主要参考读本。

麦克斯韦像①

19世纪中叶，电磁理论已经形成了四个实验定律：库仑定律、高斯定律、安培环路定律、法拉第电磁感应定律。这些定律都是对实验现象的总结，各自独立。麦克斯韦隐约感觉到这些定律之间是彼此关联的，于是开始用数学的方法对这些定律进行重新梳理，并将研究结果整理成四篇重要的论文：《论法拉第的力线》、《论物理学的力线》、《电磁场的动力学》、《电磁学通论》，一步一个脚印地把库仑、高斯、欧姆、安

剑桥大学三一学院①

培、毕奥、萨伐尔、法拉第等前人丰富的实验成果总结成理论公式。在《电磁场的动力学》中，麦克斯韦提出了最初形式的麦克斯韦方程组，由20个等式和20个变量组成。1873年，麦克斯韦试图用四元数来表达该方程组，但未成功。现在的麦克斯韦方程组是英国数学家赫维赛和美国物理学家吉布斯使用矢量形式所做的重新表述，将原来20个方程减少为4个关于矢量场的偏微分方程。

麦克斯韦方程组展示了变化的磁场可以产生电场，而变化的电场也可以产生磁场的客观规律，这正是对法拉第电磁感应现象的完美解释和推广！此外，麦克斯韦通过计算还发现电磁波的传播速度和光在真空中的传播速度几乎一样，因此他大胆猜测光也是一种电磁波。1888年赫兹用实验验证了电磁波的存在，同时证明可见光是一种普通的电磁波。麦克斯韦的科学研究被誉为继牛顿力学之后最伟大的数学物理成就，他的《电磁学通论》可以和牛顿的《自然哲学的数学原理》以及达尔文的《物种起源》相媲美！

麦克斯韦作为一名杰出的理论物理学家，把人生最后几年光辉岁月奉献给了他钟爱的母校——剑桥大学。1874年，麦克斯韦应邀筹建剑桥大学的卡文迪什实验室，随后麦克斯韦担任该实验室第一任负责人。在他和继任者的领导下，卡文迪什实验室成为举世闻名的学术中心之一，培养出数十名诺贝尔奖获得者，被誉为"诺贝尔奖获得者的摇篮"。1879年11月5日，麦克斯韦因患癌症去世，享年仅49岁。

麦克斯韦生前没有得到多少荣誉，但他的研究对20世纪以后的物理学影响很大，正如量子论的创立者普朗克指出："麦克斯韦的光辉名字将永远镌刻在经典物理学家的门扉上，永放光芒。从出生地来说，他属于爱丁堡；从个性来说，他属于剑桥大学；从功绩来说，他属于全世界。"

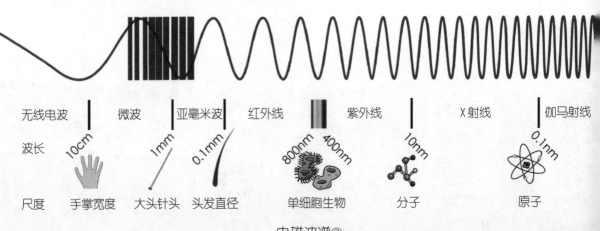

电磁波谱⑤

1865 年
克劳修斯提出熵的概念和熵增加原理

　　1860 年代,德国科学家克劳修斯曾十分戏剧性地描绘了"世界末日"的情景:"宇宙越是接近于熵的极限最大值,它继续发生变化的可能就越小。最后,宇宙将永远处于一种惰性的死寂状态。"这就是曾轰动一时的宇宙热寂说。宇宙热寂说后来被科学证明是错误的,但其出发点——克劳修斯所提出的熵概念和熵增加原理以及热力学第二定律,却被奉为最伟大的物理学经典理论之一。

克劳修斯①

　　根据热力学第二定律,热机从高温热源吸收的能量不可能全部转化成有用的功,其中必定有一部分"无法使用"的热量(如热机的活塞和热机壁摩擦产生的热量),所以在一个不受外界影响的孤立的系统中,热现象具有一定的方向性,是不可逆的。举例来说,将一杯开水和一杯冰水倒在盆里,盆里的水的温度会中和,而且这个过程不可逆,即

物质在水中溶解之后,就不可能让它们回到原来的样子,此时,熵增加了②

一盆水不会自动地分离成一半开水和一半冰水。那么,是否可以用一个物理量来描述这种方向性呢? 为此,克劳修斯在 1865 年引入了 熵这一物理学概念,把

热力学第二定律表达成严格的数学形式。熵可以被视为热力学中不能做功的能量，是一种"死能"。在进行不可逆过程之后，孤立系统的熵就会增加，也就是说"死能"就越多。如果过程是可逆的，熵就会保持不变。总之，孤立系统的熵只会增加或者保持不变，而永远不可能减少。这就是著名的熵增加原理。

熵的概念的提出，是热力学发展史上的一个里程碑，标志着热力学第二定律具有严格的理论基础，且可以定量计算。现在，熵不仅是物理学中的概念，还被广泛用于其他领域，如生命科学、信息科学、经济学、社会学等。

1867年，在"关于机械热理论的第二定律"的讲演中，克劳修斯把熵增加原理的适用范围扩大至整个宇宙范围，提出所谓的热寂说，认为宇宙的熵最终将趋于无穷大，宇宙中热量分布的不平衡最终将消失，宇宙最终将处于一种热平衡状态，不再有能量形式的变化，不再有多种多样的生命形式，宇宙将陷入死亡般的冷寂。人类所创造的辉煌业绩注定要归于灭绝。

热寂说一经提出，即在科学界引起了轩然大波，因为它是基于严谨的科学定律而预言了世界末日，使很多人因此感到悲观失望，以致不仅自然科学家关心它，人文学者也同样关心它。在之后长达一百多年的时间里，许多著名的学者纷纷提出理想实验，驳斥热寂说。现在，人们已经了解到热寂说的局限性，因为热寂说成立的假设前提为宇宙也是一个封闭体系。但事实上，宇宙同时受到两种作用：趋向于热平衡的熵增加过程以及宇宙膨胀造成的远离热平衡过程。虽然在每一个瞬时，宇宙的熵是增加的，但是宇宙的整体膨胀却导致宇宙熵的极大值不断增加，宇宙距平衡态愈来愈远。所以热寂说不成立！

1871 年
麦克斯韦提出"麦克斯韦妖"佯谬

为了批驳热寂说,麦克斯韦于1871年针对热力学第二定律提出一个无影无形的妖精——"麦克斯韦妖"佯谬,即在两个充满同样平衡无序气体的相邻箱子中间有个小妖精,它具有极高的智能,能够追踪气体分子的运动并判断其速率大小。通过控制箱子之间隔断的门,"麦克斯韦妖"可以让速率高的分子跑到一边,而速率低的分子跑到另一边。这样小妖精就在不消耗功的前提下使得两个箱子的分子平均动能不一样了,有序的分子动能分布也就产生了温差。这样看上去就打破了热力学第二定律,即在不做功的前提下让系统处于非平衡状态。

这个具有"特异功能"的"麦克斯韦妖"长久以来都是热力学统计物理学家的心病,直到1929年,匈牙利物理学家齐拉终于给出了"麦克斯韦妖"的正确解释:

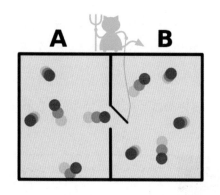 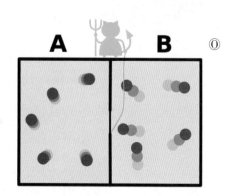

妖精虽然没有做功,但是它获得了关于分子运动状态的信息,如果把信息也看成是一种能量的话,那么整个过程还是能量守恒的。换成热力学的术语来说,这该死的小妖在分辨分子运动速度大小的过程中获得了信息熵,虽然气体分子的熵减少了,但妖的熵却增加了,且气体分子与妖的总系统的熵也在增加,因此热力学第二定律仍然成立!

"麦克斯韦妖"的概念对信息论和控制论等学科发展起到了抛砖引玉的作用。2010年,日本科学家让纳米小球沿电场制造的"阶梯"向上爬动,实现了信息到能量的转化。

1873年
范德瓦耳斯方程提出

液化气体是把气体转化为液态的物理过程，气体液化后体积大量缩小，便于搬运、储存。在低温技术尚未发展起来时，人们主要依靠压缩气体使之液化。但是，当温度超过某一临界值时，无论压强多大，气体都不会液化，这个温度称为临界温度。不同气体的临界温度各不相同，如水蒸气的临界温度为647.1K，氧为155K，氢为33.2K，氦为5.2K。

1869年，爱尔兰物理学家安德鲁斯首次发现这一现象，并测定二氧化碳的临界温度为304.2K，即31.1℃。

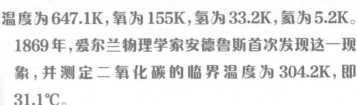

范德瓦耳斯Ⓦ

1834年，法国物理学家克拉珀龙把玻意耳定律、查理定律和盖-吕萨克定律合在一起，得到了理想气体状态方程：$pV=nRT$。其中，p为理想气体的压强，V为理想气体的体积，n为气体物质的量，T为理想气体的热力学温度，R为理想气体常量。

但是，处于临界状态的气体不能视为理想气体，所以理想气体状态方程不适合描述临界状态。1873年，荷兰物理学家范德瓦耳斯对理想气体状态方程提出了修正，将被理想气体模型所忽略的气体分子自身大小和分子之间的相互作用力考虑进来，得到范德瓦耳斯方程：

$$(P+a/v^2)(v-b)=nRT$$

这样就能更好地描述宏观气体状态了。

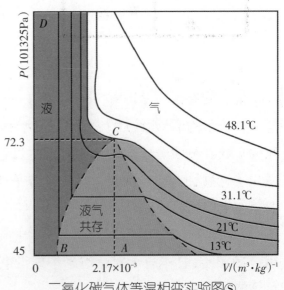

二氧化碳气体等温相变实验图Ⓢ

1876 年
贝尔获得电话专利权

19世纪初,电报的出现大大提高了人们的通信速度,然而,电报必须有专业人员进行翻译,且只能单向传递信息,使用起来极不方便。因此,人们希望出现一种比电报机更便于使用的机器,它能够直接传递语音,还能够让相距很远的两个人进行实时通话。电话的诞生是众多科学家努力的结果,其中名气最大的便是发明家贝尔。

贝尔⑩

贝尔出生于苏格兰爱丁堡的一个学者家庭,24岁时移居美国。由于家庭的影响,贝尔从小就对声学和语言学有浓厚的兴趣,长大后他先后在著名的爱丁堡大学语音学专业、伦敦大学语言学专业学习,还曾经担任过聋哑学校教师、美国波士顿大学语言学教授等职。贝尔对人的发声机理和声波振动等知识非常熟悉,还自学了电学知识。

移居美国后,贝尔开始对机械造声法产生了兴趣,他发现,弹簧片在铁芯线圈附近的振动,可以导致线圈内电流的强弱变化;反过来,同样的电流变化可以导致线圈附近弹簧片的振动。这使得贝尔联想到童年时一种非常有趣的游戏:把一根长长的绳子穿在两只空罐头盒的底部,一个人把一端的空罐头盒放在嘴边说话,另一个人把另一端的空罐头盒贴在耳朵上,将线拉紧时,说话的声音便

贝尔(最后排右)与聋哑学校师生合影⑫

纪念贝尔发明电话的邮票⑦

清清楚楚地通过拉直的线传到对方耳朵里。那么,如果能用电流强度模拟出声音的变化,不就可以用电流传递语音了吗?

在随后的两年内,贝尔辞去了教授职务,一心扎入发明电话的试验中。他和电气工程师沃特森一起,经过无数次尝试后,终于成功制出粗糙的送话器和受话器样机。据说,1876年2月,第一次成功通话时,贝尔正在调试送话器,不小心将蓄电池中的酸液打翻了,他脱口叫道:"沃特森,快来帮帮我。"他的助手沃特森正在受话器端,听到声音后高兴地跑过来。贝尔的求救电话便是有史以来的第一次电话通信,宣告了一个新时代的到来。之后,他创建了贝尔电话公司,将实用电话推广到千家万户。

自从贝尔发明了电话之后,谁是真正的电话之父的争论一直没有停止过。很多人认为,意大利人梅乌奇比贝尔更早发明了电话。1849年,梅乌奇在给一个友人治病时发现,将振动变为电流可以传达声音,于是就开始了"会发言的电报机"的研究。而这时贝尔才两岁。在妻子生病瘫痪后,梅乌奇用自己发明的第

梅乌奇故居①

一个电话把她的卧室和自己的工作间连接起来,以便随时照应。1860年,梅乌奇向大众展示了这一发明。纽约的一家意大利语报纸还报道了这一令人振奋的消息。但依赖救助金生活的梅乌奇无法拿出250元申请专利。当贝尔获得电话发明专利的时候,梅乌奇曾向法院提出诉讼,但因贫病交加而未能如愿,最后抱恨而逝。直到2002年6月11日,美国国会才通过议案,正式确认梅乌奇为电话的发明者。

梅乌奇Ⓦ

不过,电话真正走进公众视野,还应归功于贝尔。1876年5月,美国在费城举办纪念独立一百周年世界博览会。贝尔把他刚刚发明出来的电话机也带到博览会参展。前来参观的巴西国王彼德罗对贝尔的发明很好奇,当他从听筒里听到"国王陛下,欢迎您来参观!"的声音后,不禁大声惊呼"我的上帝,它说话了!"国王的喊声一下子惊动了整个博览会上的人们,电话机成了人们关注的中心。经过专家们的鉴定,电话机成了这届博览会"最值得惊异的东西",并立即引起了大人物的注意,新闻界则推波助澜,于是贝尔的电话很快在美国社会推广开来。第二年,第一条电话线路在波士顿开通。同年,已经有报社开始用电话传发新闻稿。1880年,美国电话用户已经有五万家。1881年,贝尔建立了自己的电话公司,致力于开发和推广电话事业。20世纪初,美国已经拥有一百三十万门电话。人类从此开始进入公众使用电话的时代。

贝尔在展示电话Ⓦ

1877年

玻尔兹曼关系提出

　　1803年道尔顿提出原子论之后，大多数化学家都深信物质由原子、分子组成。然而，当时几乎所有的德国哲学家及物理学家的观点却截然相反，不认为原子、分子实际存在。

　　1877年，奥地利物理学家玻尔兹曼根据麦克斯韦的气体分子运动论提出了著名的玻尔兹曼熵公式。其中，S代表热力学系统的熵，k是玻尔兹曼常量，W是系统的微观状态数。这个公式通过玻尔兹曼常量在宏观世界和微观世界之间搭起了一座桥梁，它代表了一个系统的热力学性质实际上是系统内分子随机运动的宏观表现。

　　玻尔兹曼关系一经提出，立刻遭到众多同行的责难，其中还有许多前辈物理学家，他们认为，玻尔兹曼分子运动论所预设的前提，原子和分子根本就不存在，因此理论本身毫无意义。玻尔兹曼晚年投入了大量精力来捍卫他的理论，这场持久的论战使他身心俱疲，他的痛苦与日俱增，甚至患上了严重的抑郁症。1906年，玻尔兹曼在意大利自杀身亡。

　　玻尔兹曼墓碑上铭刻着公式"$S=klogW$"，这是他毕生研究工作的精华，也是物理学最深刻的思想之一。在玻尔兹曼去世后两年，法国物理学家佩兰在爱因斯坦1905年的研究基础上通过对胶体悬浮物的研究，测定了阿伏伽德罗常量和玻尔兹曼常量，并向世界证明了原子和分子确实存在。

玻尔兹曼之墓①

1883 年
发现爱迪生效应

1883年，美国发明家爱迪生在研制灯泡时，无意中发现一个有趣的现象。把一块金属板密封在灯泡内。灯泡通电后，如果给金属板加正电压，则发热的灯丝与金属板之间就会有微弱的电流产生；如果给金属板加负电压，那么电流就不会产生。这一现象后来被称为爱迪生效应。由于当时爱迪生正在全力以赴地研制灯泡，因此没有对此现象进一步地深入研究。后来人们才知道，原来灯丝加热后有电子射出，与金属板之间正好形成回路。

爱迪生Ⓦ

爱迪生效应Ⓢ

爱迪生效应虽然没有引起爱迪生本人的重视，却引起了英国电气工程师弗莱明的极大兴趣。弗莱明在马可尼电报公司工作时，一直在寻求一种可靠的检波手段。爱迪生效应启发了他，使他意识到，如果在真空灯泡里装上两块金属板，分别充当阴极和阳极，就有可能让灯泡里的电子实现单向流动，那么就可以形成一个有效检测微弱电信号的检波器了。1904年，在经过大量的实验尝试后，弗莱明终于研制出一种能充当交流电整流和无线电检波的新装置，并申请了专利。这就是世界上第一支真空电子二极管。美中不足的是，早期的电子二极管产生的电信号过于微弱，性能很不稳定，这其实是由于早期灯泡内的真空度不够造成的。高真空电子二极管发明后，二极管便得到了广泛的应用。

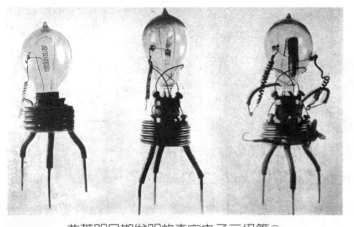

弗莱明早期发明的真空电子二极管ⓦ

弗莱明ⓦ

1906年,美国物理学家德福雷斯特在二极管的正极和负极(灯丝)之间加了一个用金属栅网做的电极(栅极),从而把弗莱明的电子二极管发展成了三极管,实现了信号的放大功能。栅极的作用是控制由灯丝通到阳极的电子流,从而实现信号放大:栅极上微弱的电势变化,能使在阳极和阴极之间很强的电流产生类似的变化,这样电子管就放大了栅极的电势变化,电信号的放大问题从此得到了解决。

弗莱明发明的真空二极管与爱迪生早先那只封入金属板的灯泡,在设计上没有太大的区别,然而两者在科学技术史上却同样重要,具有非凡的划时代意义。正是真空二极管和三极管的发明,乃至后来四极管、五极管、微波管、集成电路的相继问世,使得可以利用的电波频率区段大大扩展,电子设备的功能成几何级数增加,最终掀起了一股电力革命,使人类快速步入了电气时代,极大地影响了人类文明的进程。

德福雷斯特ⓦ

早期三极管①

1884年
描述氢光谱的巴耳末公式提出

19世纪后半叶，人们对可见光区域的4条氢谱线已进行过大量的较精确的测量。1880年，通过观测恒星光谱，也发现了紫外波段的10条氢谱线，然而这些谱线产生的原因尚不为人所知。氢光谱到底有没有规律性？其规律又是什么？这些是当时物理学家需研究的问题。

巴耳末Ⓦ

瑞士巴塞尔的一名数学教师巴耳末敏锐地意识到，在已知氢光谱波长的数字间，存在着一定的比例关系。经过反复计算，巴耳末最终借助几何作图的方法，巧妙地总结出描述氢原子各条谱线的经验公式。在1884年的一次公开演讲中，巴耳末把他的经验公式公诸于众，并于1885年把该结果正式发表。此后，巴耳末又根据自己的经验公式推算出氢原子光谱的第五条谱线的波长值，指出第五条光谱线仍属于可见光区域，但很靠近紫外区域。这个推测很快得到了实验验证。几年后，巴耳末又仿照氢原子光谱的关系式，计算出氦原子光谱和锂原子光谱的关系式。为了纪念巴耳末，后人把他计算的氢原子谱线系命名为巴耳末线系。

巴耳末公式对光谱学与近代原子物理学的发展产生了重要影响，并启发物理学家发现更多谱系，如莱曼系、帕邢系、布拉开系等。后续研究表明，原子的光谱本质上就是吸收了光子能量的电子进入受激态后，返回基态时释放出的谱线。

莱曼系

94 nm
95 nm
97 nm
103 nm
122 nm

$n = 1$
$n = 2$
$n = 3$
$n = 4$

656 nm
486 nm
434 nm
410 nm

巴耳末系

1875 nm
1282 nm
1094 nm

帕邢系

$n = 5$
$n = 6$

氢原子的电子轨道及光谱系Ⓢ

1887 年
测量"以太风"

迈克耳孙Ⓦ

以太这个妖精大概是物理学史上最令物理学家头疼的东西了。从十七世纪到二十世纪初，几乎所有杰出的物理学家都被它弄得神魂颠倒。以太假说认为，既然声音的传播是借助空气、水、铁轨等媒质，那么电磁波和光的传播也必然要借助某种媒质，这种媒质就是以太。

因为光可以在遥远的太空中传播，所以这种光以太应当充满整个太空，而地球则在以太中运动。就像一个人在静止空气中跑动时会感受到风一样，在以太中运动的地球就会感受到"以太风"。那么以太具有什么样的物理性质？它有质量吗？它对物体的运动会产生阻力吗？它的密度有多大？为了观测"以太风"是否存在，1887年，美国实验物理学家迈克耳孙和美国化学家、物理学家莫雷在克利夫兰凯斯西储大学进行了一个非常巧妙的实验，即著名的迈克耳孙—莫雷实验。出人意料的是，他们实验的结果却给了这个"妖精"一张否定判决书。迈克耳孙—莫雷实验也因此被

迈克耳孙首次进行光速测量的地方，地上的圆点代表当时光传播的方向Ⓦ

看成"科学史上最伟大的否定性实验"。

迈克耳孙出生于德国，幼年随父移居美国，他对精密光学测量技术非常精

通,早在1877年,还是美国海军办事员时,迈克耳孙就开始设计仪器测量光速。1879年,迈克耳孙在美国海军学院测得光的传播速度为为299 910±50km/s。

1881年,在德国亥姆霍兹实验室,迈克耳孙研制成功著名的迈克耳孙干涉仪。这可能是当时最精密的物理实验仪器。在实验中,他让一束自点光源发出的光束以45°角射到半透膜上,从而一半光束透射,另一半光束反射,这两束互相垂直的光再分别被垂直放置的平面镜反射回半透膜,同时射入一台观察望远镜。这时在望远镜中将观察到这两束光的干涉图样。这就好比让两

莫雷Ⓦ

个孪生兄弟同时出发,走不同的路径,然后到达同一个目的地。通过在目的地处两个孪生兄弟的不同,来体现两条路径的差别。

根据迈克耳孙的设计初衷,如果太空中确实充满了以太,则地球上沿不同方向传播的光相对于以太的速度会不同。

迈克耳孙干涉仪Ⓞ

那么将迈克耳孙干涉仪沿不同方向放置时,光屏上形成的干涉条纹将会有细微的"漂移"。但遗憾的是,无论迈克耳孙如何调整装置,干涉条纹都没有任何变化。起初,迈克耳孙以为问题出在自己装置的精度上。因此,1887年,他与美国化学家莫雷合作,改进装置,将光路长度增加到11米,以更高精度重复实验,但仍然没有观测到任何"以太漂移"现象。迈克耳孙逐渐开始意

平面镜

相干光源

平面镜

半透镜

探测器

迈克耳孙干涉仪的实验示意图Ⓦ

白光产生的迈克耳孙干涉花纹①

识到,既然实验没有错误,那么出错的可能就是以太理论本身。

迈克耳孙—莫雷实验是一个重大的否定性实验,它动摇了经典物理学的基础,因此立即引起科学界的震惊和关注,它与热辐射中的"紫外灾难"并称为"科学史上的两朵乌云"。随后有10多人重复这一实验,历时50年之久。对它的进一步研究,最终导致了近代物理学的新发展。迈克耳孙本人也由于发明精密光学干涉仪、并使用其进行光谱学和基本度量学研究而获得1907年诺贝尔物理学奖,成为美国第一个诺贝尔物理学奖获得者。

为了解释迈克耳孙—莫雷实验中的零漂移现象,人们并未马上推翻以太假说,而是想试图提出修正方案,来修补以太理论的缺陷,当时的爱尔兰著名物理学家斐兹杰惹就是其中之一。斐兹杰惹相信以太学说,他提出了物体在"以太风"中的收缩假说,认为在运动方向上,物体长度将会缩短,以至于我们无法在光学实验中探测出以太漂移的迹象。经过近两年的考虑,斐兹杰惹在1889年5月给《科学》杂志写了一封信,文中以物体收缩假说解释了迈克耳孙—莫雷实验中的零漂移现象,并进一步指出"物体长度的变化取决于其速度和光速之比的平方"。斐兹杰惹的假说虽然有一定的缺陷,但其结论是正确的,并很快对随后几位物理学家的工作产生了直接而迅速的影响,最终导致了著名的洛伦兹坐标变换公式的诞生,这个变换公式解决了高速运动的系统中的长度收缩、局部时间变换和电子质量随速度变化等一系列问题,从而为狭义相对论的产生创造了条件。

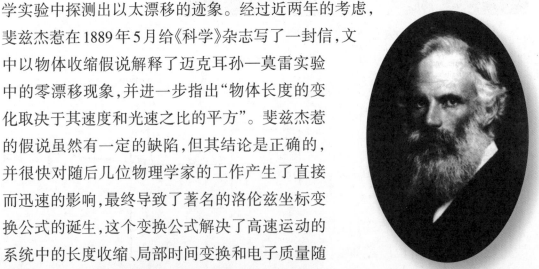

斐兹杰惹⑩

*1887*年
赫兹发现电磁波并观察到光电效应

由法拉第发现、麦克斯韦发展完善的经典电磁理论表明，变化的电场可以在周围空间中产生磁场，变化的磁场也可以在周围空间中产生电场。麦克斯韦进而推测，变化的电场和磁场可以由近及远向周围空间传播开去，形成电磁波。但是由于没有实验验证，这一理论在麦克斯韦生前并未得到重视。

赫兹Ⓦ

1879年，著名物理学家亥姆霍兹在德国柏林科学院发出悬赏，征求对麦克斯韦电磁理论的实验验证。8年后，亥姆霍兹的学生，年仅29岁的犹太小伙子赫兹制成了一个检波器，捕捉到了10米外电磁波发生器发出的电磁波，证实了电磁振荡的存在。赫兹在实验中用一只感应圈与两根金属杆连接成回路，每根金属杆的一端有一块金属板，另一端有一个金属球。实验时，感应圈中的高频高压电流会在两板之间产生交变电场，变化的电场产生磁场，变化的磁场产生电场，因此形成统一的电磁场，并以波的形式向外传播。赫兹在该装置附近放置一个未完全封闭的金属环以检测电磁波的存在。他发现，当两个金属球之间有火花时，该圆环的间隙也会出现火花。赫兹正是通过这种火花的出现，证实了麦克斯韦的预言。

1887年，在柏林科学院的院会上，赫兹宣布：他成功地解决了悬赏课题，证明了电磁波的存在。此后，赫兹悉心地研究了电磁波的反射、折射、干涉、偏

AN DIESER STAETTE ENTDECKTE
HEINRICH HERTZ
ELEKTROMAGNETISCHEN WELLEN
IN DEN JAHREN 1885-1889

赫兹像Ⓦ

赫兹纪念币①

振和衍射等现象,证明电磁波的传播速度等于光速,并证实了光也是一种电磁波。

赫兹在1886年进行电磁波实验研究过程中,偶然发现,如果有光照射到检测电磁波的导体环的间隙上,圆环就更容易产生电火花。赫兹立即敏锐地意识到这一现象的重要性,他猜想这种光和电之间的相互作用可以揭示出电和光的本质。1887年,赫兹对光电效应进行了深入的实验研究后,将研究论文寄给了《物理学年鉴》的主编维德曼。赫兹还分别利用不同金属材料的电极片、不同的光源、不同的隙间材料(气体、液体、固体)进行实验,并发现使电火花明显增强的光辐射存在一个接近可见光谱的极限,那就是紫外线。

赫兹关于光电效应实验的论文发表后,立即引起了人们的广泛关注和研究热情。遗憾的是,赫兹本人虽然在论文中精确记录了所观察到的实验现象,并以深邃的物理洞察力报告了他的结果,但并未来得及对这种现象进行进一步的研究。1894年元旦,年仅37的赫兹因为败血症离开了人世。

赫兹的研究成果对于物理学的发展具有重要意义,并最终导致了无线电电子技术的产生。国际单位制使用"赫兹"作为频率单位,德国汉堡的无线电发射台被命名为海因里希·赫兹塔,月球东边一个环形山也是用赫兹的名字来命名。

海因里希·赫兹塔①

赫兹纪念邮票Ⓦ

勒纳Ⓦ

赫兹的去世并未使光电效应的研究停下脚步,他在电磁学领域所取得的成就对许多物理学家的研究产生了重要影响,他曾经的助手勒纳就是其中之一。勒纳从实验中发现了光电效应的规律,光电效应中光电子的数目随光强度的增加而增加,但光电子的动能却仅与光的频率有关,而与光的强度无关。1902年,勒纳发表了他的研究成果,并因此获得了1905年诺贝尔物理学奖。

光电效应的实验现象使传统光学理论受到了严峻考验,因为"光的能量连续分布在被照射空间"的经典理论无法解释光电效应的实验规律。1905年,爱因斯坦发表了著名的论文《关于光的产生和转化的一个启发性的观点》。文中,爱因斯坦从勒纳的定量实验研究基础出发,提出"光是以光速运动的光粒子流,每个光子都携带一份能量,称为光量子"。爱因斯坦应用光量子假说,提出了光电效应方程,成功地解决了光电效应实验与传统物理理论之间的矛盾。爱因斯坦认为"如果光量子能够分别独立地把它的能量给予电子,那么电子的速度分布就与激发光的强度无关,而是只要有光照就会有光电流产生;另一方面,在其他条件都相同的情况下,离开电极的电子数将同激发光的强度成正比"。由于光量子说成

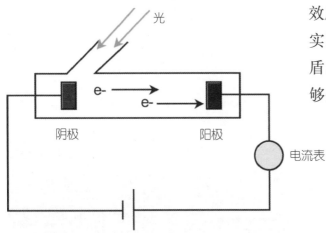

光电效应实验原理图,用一束紫外线照射真空管的阴极,可以使阴极发出光电子,产生电流。光电子的动能仅与光的频率有关,而与光的强度无关Ⓢ

爱因斯坦(中)和密立根(右)的合影

功地解释了光电效应,爱因斯坦因此获得1921年诺贝尔物理学奖。

由于爱因斯坦的"光量子说"颠覆了传统的物理理论基础,因此在很长一段时间内,爱因斯坦的这种解释只被看作是一种假设。直到1916年,密立根用更为精确的实验验证了爱因斯坦的理论,光量子说才被物理学界广泛接受。在1916年的论文《对 h 的直接光电测定》中,密立根对他的研究作了全面介绍。为减少误差,密立根慎重地选择工作条件,建立了一套相当精确的装置进行实验。在实验中,密立根在一定频率的光照下,对电极加不同的反向电压,测量对应的电流。随着反向电压的增加,光电流越来越小。根据这个实验现象,画出光电流—电压曲线,再外推出使光电流完全变为零的遏止电压,研究遏止电压 V_0 与光照频率 γ 的关系。实验研究结果表明,遏止电压 V_0 —光照频率 γ 曲线正好是一根漂亮的直线,这与爱因斯坦光量子假说中的"遏止电压 $V_0=(h/e)\gamma$ "完全相符。密立根还根据直线的斜率和他从前测出的电子电荷量 e ,计算出普朗克常量 h 为 6.55×10^{-34} J·s,这比以往其他方法求出的更为精确。由于实验中注意消除可能引起误差的环节的影响,密立根获得了满意的实验结果,全面证实了爱因斯坦的光电效应方程。爱因斯坦对密立根的工作高度评价道:"我感激密立根关于光电效应的研究,它第一次判决性地证明了,在光的影响下,从固体发射出来的电子与光的频率有关,这一量子论的结果是辐射的量子结构所特有的性质。"

密立根的油滴实验装置

1887年
马赫发现气流特征数

马赫像①

百余年来最伟大的物理学家爱因斯坦毫无疑问是无数年轻物理学研究者的偶像。然而,即使像爱因斯坦这样的"超巨星",在年轻时候也曾拥有他所仰慕的偶像。

当爱因斯坦花了10年左右的时间终于建立广义相对论之后,就怀着无比激动的心情给他的偶像写了一封信(署名"敬仰您的学生")来分享成功的喜悦,因为他发现的新力学体系遵循的是相对时空观,这正是偶像多年来倡导的物理思想。这位神秘偶像不仅拥有爱因斯坦这样的重量级粉丝,他的粉丝群里还包括庞加莱、亥姆霍兹、基尔霍夫等电磁学先驱,甚至量子力学奠基群体中的海森伯和泡利也表示深受其思想影响。他,就是传说中的诺贝尔奖得主群体的"思想导师",现代物理学在哲学层面上的奠基人——奥地利科学家马赫。

提起马赫,很多人都自然想到声速单位马赫,这是为了纪念马赫提出的超声学原理。在空气中运动的物体速度接近声速时,物体周围的空气会被剧烈挤压,阻碍物体前行,这种现象叫做声障。1887年,马赫进行了著名的气流实验,最早发现了这一现象。当时飞机还没有出现,马赫是利用大炮

超声速飞机突破声障⑩

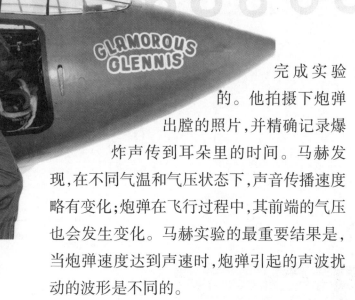

耶格尔和X-1飞机ⓦ

完成实验的。他拍摄下炮弹出膛的照片,并精确记录爆炸声传到耳朵里的时间。马赫发现,在不同气温和气压状态下,声音传播速度略有变化;炮弹在飞行过程中,其前端的气压也会发生变化。马赫实验的最重要结果是,当炮弹速度达到声速时,炮弹引起的声波扰动的波形是不同的。

1929年,瑞士工程师阿克莱特首次把物体的运动速度与声速之比称为马赫数,1马赫就是飞行器以一倍声速飞行。1马赫相当于1126千米/小时,目前世界上最快的飞机速度已经逼近10马赫。在早期的飞行设计中,声障一直困扰着飞机制造业,曾经有不少飞机在试图超越声速时解体或者失控坠毁。直到1947年10月14日,美国空军试飞员耶格尔驾驶X-1飞机飞行速度达到1078千米/小时,人类才首次突破声障,真正实现了超声速飞行。

除马赫数外,还有一些以马赫命名的术语在空气动力学中被广泛使用,而声学和流体力学仅仅是马赫微不足道的物理学贡献之一。马赫是一个极其富有思想的物理学家,他从小就思考物理学、生理学和心理学之间的共同点,提出视觉效应中的"马赫带"和心理学重要分支之一——格式塔心理学(又称完形心理学)。作为布拉格大学物理学教授,马赫撰写的《大学物理学教程》和《中学低年级自然科学课本》成为经典之作,一直被使用40余年。

但是,科学思想者马赫在哲学上是一个唯心主义的逻辑实证论者。尽管他否认气体动理论和原子、分子的真实性,让玻尔兹曼等物理学家颇有微词,马克思主义者列宁也对他的唯心主义提出了尖锐的批评。但他却是建立现代世界观的核心人物之一,因为他的哲学催生了19世纪后的整个新物理世界。1883年,马赫出版了《力学及其发展的批判历史概论》,之后连续写了《从物理学上考虑的空间和时间》《从物理探究的观点看空间和几何学》等著作,对牛顿力学中的绝对时空观提出了批判,极力倡导相对时空观。年轻的爱因斯坦正是由此受到启发,提出了等效原理和广义协变原理,并以此为基石建立了广义相对论。

在那个年代,无数青年物理学家拜读了马赫的著作并为其中的思想而痴迷,他们当中许多人后来成为了著名物理学家。1910—1914年,洛伦兹和爱因斯坦等多名科学家多次向诺贝尔奖委员会提名马赫,但他并没得到诺贝尔奖。但是,马赫作为启蒙哲学家和自由思想家,不仅对他思想的继承者也为诸多反对者提供了许多冲破教条的新启迪。马赫的学说,至今仍以各种新的形态深深地影响了欧洲和美国的学者们!

位于马赫出生地的纪念铭牌⊙

马赫曾经工作过的维也纳大学⊙

1889—1907年
茹科夫斯基奠定空气动力学基础

纪念茹科夫斯基的邮票①

为什么小鸟能在天空自由飞翔？怎样才能让飞行器像小鸟一样飞起来？怎样才能让飞行器飞得更高、更快？要解决这些问题，就必须掌握空气动力学。

被称为"俄罗斯航空之父"的茹科夫斯基是著名空气动力学家，是现代航空科学的开拓者。他创立了飞行器升力定理，这是现代机翼升力理论和理论空气动力学的基础。根据他的定理，人们在制造飞机和试飞之前，就能预先从理论上计算出飞机的升力，从而避免光凭经验办事带来的挫折。他还最先运用数学方法画出了一系列机翼翼型——茹科夫斯基翼型。

1902年，茹科夫斯基在莫斯科大学建立了空气动力实验室，这是当时世界上最早的风洞实验室之一，极大地促进了俄罗斯在空气动力学领域的发展。茹科夫斯基十分重视培养人才，在他的周围，聚集了一大批热心航空研究并卓有建树的俄罗斯年轻人，如著名飞机设计师图波列夫等。茹科夫斯基与这些年轻人一起，建立了茹科夫斯基中央空气流体动力研究院，后来发展成为世界上规模最大的航空科研中心之一。

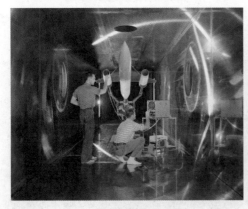

风洞试验⑩

利用水雾对机翼进行空气动力实验①

1892 年
洛伦兹建立经典电子论

1892 年，洛伦兹发表了《麦克斯韦电磁学理论及其对运动物体的应用》一文，这标志着经典电子论的诞生。在该论文中，洛伦兹认为一切物质分子都含有电子，阴极射线的粒子就是电子。洛伦兹以经典的电子概念为基础解释物质的电性质，及电磁场与物质相互作用时所呈现的多种宏观现象。1895 年，他从经典电子论出发，推导出运动电荷在磁场中受到的作用力公式，即洛伦兹公式。

洛伦兹Ⓦ

此外，洛伦兹还从经典电子论出发，把物体的发光解释为原子内部电子的振动所产生，因此他推断，当光源放在磁场中时，光源的原子内电子的振动将发生改变，使电子的振动频率增大或减小，导致光谱线分裂。1896 年，洛伦兹的学生塞曼在实验中发现，在强磁场中，钠灯光谱线有明显的分裂，即产生塞曼效应，证实了洛伦兹的预言。20 世纪初，原子论诞生后，人们才知道，光谱线来自于电子在两个能级之间的跃迁，在外加磁场中，两个能级的能量都发生分裂，最终导致光谱线在外磁场作用下一分为三，且彼此间隔相等。

1902 年，洛伦兹因为这项杰出的工作，与塞曼一同分享了当年的诺贝尔物理学奖。

洛伦兹一生建树颇多，还曾经独立提出了高速运动物体的长度收缩假说，并根据此假说给出了著名的洛伦兹变换公式，

塞曼Ⓦ

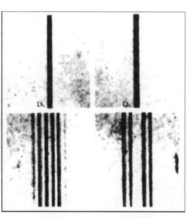

塞曼发现，钠灯的双线在弱外磁场作用下产生塞曼效应，分裂为多条谱线Ⓦ

爱因斯坦（左）与洛伦兹（右）Ⓦ

这些后来都被爱因斯坦用在狭义相对论中。洛伦兹还是一位出色的教育家，他多年从事物理教学，写过不少教科书，并在大众科普上投入了大量精力。

洛伦兹身处经典物理学与现代物理学交接的时代，他本身就是一位集经典与现代物理学于一身的科学泰斗。在那个年代，人们发现了许多经典物理学不能解释的实验现象，如迈克耳孙—莫雷实验、曳引系数等。而理论物理学界的后起之秀普朗克、爱因斯坦等人则纷纷提出量子假设、狭义相对论等现代物理学思想。对此，洛伦兹表现出了对年轻一代物理学家的关爱与培养，从不干涉年轻人所选择的方向，同时又为人热诚、谦虚，以他的理论和思想对新、老物理学两大体系产生巨大而深远的影响，以他崇高的品德与宽容的亲和力赢得全球物理学界同仁的高度赞赏与钦佩，被公认为国际理论物理学共同体的领袖。爱因斯坦也曾表示，他一生中受洛伦兹的影响最大。在洛伦兹的领导下，第一届国际理论物理学会议——索尔维会议，于1911年在布鲁塞尔胜利召开，洛伦兹亲自主持了会议。

首届索尔维会议合影，第一排左四为洛伦兹Ⓦ

1895 年
马可尼实现电磁波远距离传送

通信是人们自古就有的需求之一。在信息技术还没发展起来时，人们传递信息的渠道非常有限。遇到敌人入侵时，人们就在烽火台点起狼烟进行求援，见到狼烟的人只知事情紧急，却无法知道具体情况。普通公文则依靠驿站进行传递，但这种信息传递方式实在太慢。飞鸽传书的方法可以用来传递秘密消息，不过信件丢失的概率却很高。直到电磁波的通讯功能被成功利用，人们才最终实现了"千里眼"和"顺风耳"的美好愿望。

马可尼①

当麦克斯韦预言的电磁波最终被赫兹的实验所证实时，人们对电磁波的应用充满了期待。1894年，意大利的一名年仅20岁的年轻人马可尼注意到了赫兹的实验，他敏锐地意识到电磁波的传输不需要实际的线路，直接在空中就可以传播，因此电磁波可能具有更远的传播距离。一年后，马可尼制作了一个可以发射无线电波的机器，具有商业头脑的他紧接着申请了发明专利并注册了公司。1899年，马可尼用他的仪器成功实现了英吉利海峡两岸的电报联系，通讯距离达45千米。

同时期，德国物理学家布劳恩对无线电发报技术进行了深入的研究，对马可尼的发报机做了根本性的改造。使得发报系统的发射功率大大增加，从而大大增加了通讯距离。在那段时间，无线电通讯的距离每个月都在被打破。1901年，马可尼用布劳恩的无线电发射机成功地把电报从英国的科尔努埃尔穿越大西洋传到加拿大的纽芬兰，建

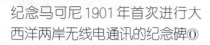

纪念马可尼1901年首次进行大西洋两岸无线电通讯的纪念碑①

位于瑞士的"马可尼石"曾是1895年实验无线电的现场①

立了从英国到北美的通信线路。

布劳恩还发明了定向天线,这种天线只在一个指定的方向上发射电波,从而减少了能量的无谓消耗。他还把发射机的频带调得很窄,从而减小了不同发射机之间的干扰。

如今,我们知道无线电波实际上是电磁波家族的"老大哥",它的波长大于1毫米,频率低于300GHz。无线电之所以能够远距离传输,是因为地球上空大气层中存在一个电离层,发射到天空的电磁波(天波)会被电离层反射,从而被很远的接收站收到。无线电波也可以直接在地面附近传播(地波),通过基站进一步将信号放大并传到下一个基站,不断接力下去从而传播到很远的距离。

1909年,马可尼与布劳恩因对发展无线电技术的贡献,共同获得了诺贝尔物理学奖。同年,无线电的重要作用在一次海难中得到了充分的体现。当时,"共和国号"汽船由于碰撞遭到毁坏而沉入海底,幸亏及时发送求救电报,大部分船员幸免于难。而1912年"泰坦尼克号"轮船沉没酿成数千人死亡的悲剧原因之一,是离得最近的"加利福尼亚号"轮船上电报员关闭了电报机而未能及时收到求救电报!

无线电的发明在新闻、军事、科研等各个方面起到了巨大的推动作用,为此,马可尼被公认为"历史上最有影响的100人"之一,名次紧跟在法拉第、麦克斯韦和爱迪生之后。

布劳恩与无线电专家在工作①

1895 年
X 射线发现

在麦克斯韦用数学方程描述电磁波之后,人们便认识到电磁波是一个非常庞大的家族,无线电波、红外线、可见光和紫外线都是电磁波,只不过它们的波长范围各不相同。在电磁波家族中,有一个波长很短的成员——X射线,虽然数次在实验室中现身,但是好几位科学家都遗憾地与之失之交臂。

伦琴ⓦ

克鲁克斯发明了克鲁克斯管后发现,未曝光的相片底片靠近这种真空管时,一些部分被感光了,但是他没继续研究这一现象。1887年,特斯拉也用自己设计的高电压真空管与克鲁克斯管研究了X射线,但他错误地将这种射线当成普通的阴极射线,也没有把研究结果公开发表,只是提醒人们注意阴极射线的危害性。1892年,赫兹在验证电磁波实验中,也发现这种穿透能力很强的X射线,普通的金属箔根本挡不住,但他也只是把它当成一种稍微不一样的电磁波而已。

1895年的一个夜晚,物理学家伦琴的实验室灯光还独自亮着,他正在探究克鲁克斯管发出的所谓阴极射线的真实身份。他意外地发现这种射线具有极强

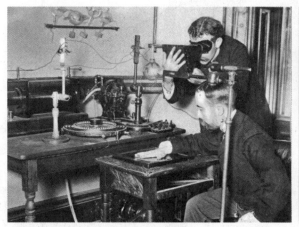

X射线成像实验ⓦ

维尔茨堡大学物理实验室,伦琴发现X射线的地方ⓦ

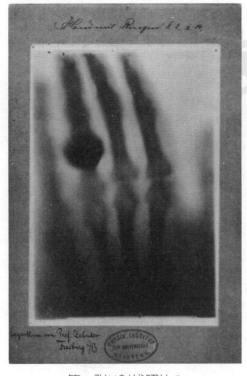

第一张X射线照片Ⓦ

的穿透能力，不仅可以让荧光屏发光，还可以穿过底片的层层包裹，即使是15毫米的铝板也不在话下，这显然和人们常说的阴极射线并不相同。这个时候，伦琴夫人安娜深夜来探望丈夫，希望他能早点回去休息。伦琴却给夫人卖了个关子，说他发现了一种神秘射线，要给夫人拍个照片。于是，安娜把带着戒指的手掌放在了底片之上，伦琴用这种神秘射线照射使底片感光。等底片洗出来之后，两人都大吃一惊，底片上显示的是安娜的手骨，骨头关节都清晰可见，而戒指处的黑斑点更是异常突出。伦琴立刻意识到他的发现有着重要意义：因为不需要通过解剖就可以清楚地看到人体内部的结构，从此医生多了一副强大的"透视镜"。伦琴兴奋地把这种"未知"射线命名为"X射线"，因为X代表未知数。伦琴夫人这张带着戒指的手骨照片作为第一张X射线照片，成了科学艺术史上永恒的经典！

X射线的发现引起了科学界的轰动，更是吸引了医学界的目光。仅在伦琴宣布发现X射线第四天，美国医生就用它找到了病人腿上的子弹。人们很快意识到X射线的巨大商业潜力，纷纷劝说伦琴申请专利大捞一笔。而伦琴则淡然一笑道："我的发现属于全人类。"1901年，第一届诺贝尔物理学奖授予了伦琴。在荣誉面前，伦琴拒绝了贵族称号，

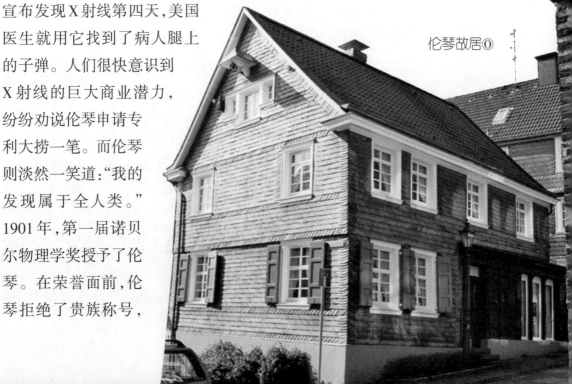

伦琴故居Ⓞ

全额捐出了诺贝尔奖金,也没有去申请X射线的专利。爱迪生为此深受感动,他专门发明了一种极好的荧光屏,使得X射线技术更为廉价和方便,同样没有申请专利。1923年2月10日,伦琴在慕尼黑去世,他为全人类留下了一笔无尽的财富。在X射线发现之后,贝克勒耳、居里夫妇、卢瑟福、查德威克等人对放射性和原子内部结构进行了承前启后的研究,开启了人类对微观世界研究的大门。X射线在医学上的应用挽救了无数人的生命,尤其是二次世界大战中的伤员。在生物学、物理学、化学等各领域,X射线成为一种必不可少的科学研究手段,极大地推进了人类科技的进展。

劳厄Ⓦ

　　如前面所说,起初人们猜测X射线是一种电磁波,但任何理论预言都需要实验来检验。为了验证X射线的波动特征,最重要的就是要发现它是否具有波的衍射、干涉等现象。然而X射线的能量很高,意味着它的频率也很高,即波长很短。有多短呢?一般来说,可见光的波长在万分之一米左右,而X射线波长则在十亿分之一米以内。要观察X射线衍射现象,必须寻找到光栅常数与X射线波长同数量级的光栅,显然人工制作的光栅不可能符合这个条件。然而,德国科学家劳厄从大自然中找到了适合进行X射线衍射的天然光栅——晶体。因为晶体内部原子是规则排列的,如果晶体中原子间隙合适,就可以作为X射线的光栅(原子直径就在百亿分之一米左右)。劳厄不顾导师索末菲的嘲笑,也不管晶体

纪念X射线晶体衍射实验获得诺贝尔奖的邮票Ⓦ

中多层原子会造成复杂的衍射图样,毅然开展了X射线晶体衍射实验。1912年,劳厄用X射线穿透硫化锌晶体薄片,得到了照相底片上规则排列的衍射斑点,证明了X射线的波动性。1914年,劳厄获得诺贝尔物理学奖。

1896年

兰利制成无人驾驶飞行器

自然界中会飞的动物很多,从翱翔蓝天的鸟类,到空中悬停的蜻蜓。自古以来,人类就特别向往飞翔,神话故事里的龙和天马也被赋予了极其代表性的意义。中国人认为孙悟空可以腾云驾雾甚至一个跟斗就能翻跃十万八千里,西方认为天上世界有着许多长着翅膀的天使,为人间带来许多福音。

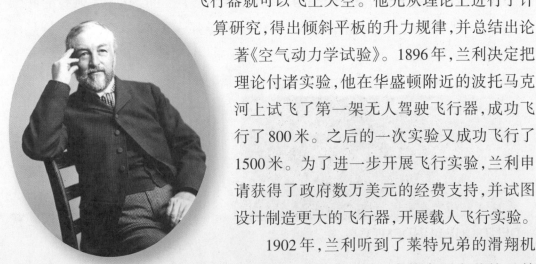

许多人都听说过,人类第一次真正意义上的飞翔,是1902年莱特兄弟驾驶的滑翔机。其实早在莱特兄弟之前,有一个人进行了多年的飞行尝试,他是美国天文学家、物理学家、航空先驱兰利。

兰利没有读过大学,但对物理学应用却独具智慧。1881年,他发明了热辐射计,可以精密测量微量热。1886年,兰利由于太阳物理方面的贡献,获得美国科学院颁发的亨利·德雷珀奖。也正是从这一年开始,兰利开始潜心研究飞行器。他从鸟类和昆虫的翅膀中受到启发,认为只要选择合适形状的"翅膀",人造飞行器就可以飞上天空。他先从理论上进行了计算研究,得出倾斜平板的升力规律,并总结出论著《空气动力学试验》。1896年,兰利决定把理论付诸实验,他在华盛顿附近的波托马克河上试飞了第一架无人驾驶飞行器,成功飞行了800米。之后的一次实验又成功飞行了1500米。为了进一步开展飞行实验,兰利申请获得了政府数万美元的经费支持,并试图设计制造更大的飞行器,开展载人飞行实验。

1902年,兰利听到了莱特兄弟的滑翔机实验取得成功的消息,当他意图向莱特兄弟

兰利Ⓦ

俩打探消息时却遭受拒绝。兰利抓紧推进了他的载人飞行计划,1903年,他又在波托马克河上尝试了两次载人飞行实验。不幸的是,飞机还没有飞出多远就掉进河中,飞行员差点淹死。兰利的失败引来美国社会的一片哗然,许多人认为载人飞行实验既浪费政府经费又充满危险因素,不值得推进。然而就在同一年,莱特兄弟公布了他们滑翔机的成功实验结果,使得人们对飞行再次充满了期待。1906年,兰利在公众的谩骂中带着终身遗憾去世。

莱特兄弟1903年12月"飞行者一号"试飞Ⓦ

8年后的1914年,美国著名飞机设计师柯蒂斯将兰利的飞机从河中打捞上来,换上更为强劲的发动机,这一次试飞成功飞行了数百米。原来,兰利的设计本身并没有太大问题,只是他低估了飞行所需要的发动机动力。虽然兰利作为航空航天先驱被记录史册,但莱特兄弟更为人们所熟知,这就是科学史上先驱和先烈的区别。

兰利1903年载人飞行器的1/4模型Ⓦ

1896年

贝克勒耳发现天然放射性

19世纪末 X 射线的发现引起了物理学界很大的轰动,掀起了一股探索未知射线的热潮。自然界中有没有自发产生 X 射线的物质？荧光物质发出的荧光中是否包含 X 射线？带着这一大堆疑问,法国物理学家贝克勒耳决定从荧光物质入手,开始寻找天然 X 射线。

贝克勒耳 ⓦ

贝克勒耳出生于科学世家,他的祖父和父亲都是法兰西科学院的院士,是研究荧光物质的专家,在家人熏陶下,贝克勒耳也成为了一名荧光专家。在伦琴发现 X 射线之后,贝克勒耳推测荧光与 X 射线可能有某种关联,物质的荧光中可能会伴随着 X 射线。为了验证这种猜想,贝克勒耳用两张很厚的黑纸把一张感光底片包好,使底片接触不到太阳光。接着把一种含铀的荧光晶体盖在黑纸上,再把它们放到太阳光下晒,结果发现含铀晶体使底片感光了,这证明了含铀晶体会发出一种辐射,贯穿黑纸而使底片感光。1896年2月24日,贝克勒耳心满意足地把实验报告交给了法兰西科学院并继续他的实验。

由于荧光实验必须在天晴的时候才能进行,遇到阴天,贝克勒耳就不得不中断实验。某日,天又转阴,实验无法进行,贝克勒耳随手把铀盐晶体和黑纸包裹的底片一起

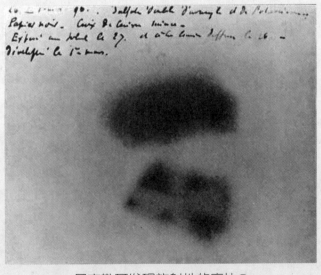

贝克勒耳发现放射性的底片 ⓦ

放在暗室抽屉里。过了几天，贝克勒耳打开抽屉，惊讶地发现虽然铀盐没发出任何荧光，但是底片已经被感光了。看来，铀盐本身就能发出穿透性射线，与太阳光没有任何关系。他又用其他发光晶体进行实验，结果表明，只有含铀的晶体才能产生穿透性射线。后来，他干脆用纯铀进行

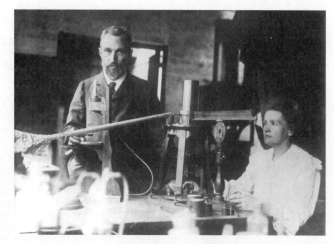

居里夫妇在实验室_W

实验，发现辐射强度比之前高出好几倍。最后，他终于得出结论，穿透性射线是从晶体中的铀发出的，铀元素具有天然的放射能力。贝克勒耳发现的放射性是人类第一次接触到核反应现象，开启了核物理研究的新领域。

贝克勒耳的发现启发了正在巴黎索邦大学攻读物理学博士的玛丽·居里。玛丽原名玛丽·斯克罗多夫斯卡，出生于波兰一个知识分子家庭，家境十分贫寒。1891年，玛丽带着仅够维持最低限度生活和学习需求的积蓄到巴黎求学。1893年和1894年，玛丽先后获得了物理学学士学位和数学学士学位。在求学期间，她遇到了志同道合的皮埃尔·居里，两人于1895年结婚。

1896年，贝克勒耳发现铀盐会自发地发射出类似X射线的辐射时，并未立刻引起科学界的太大反应。然而，玛丽敏锐地感觉到这是一个非常有前景的研究课题。她在思考：铀盐不断地以放射形式发出来的这种能量是从哪里来的？这种放射的性质是什么？

邮票中的居里夫人_W

1897年秋天，居里夫妇开始了对这个极富挑战性和开拓性的课题的合作研究。玛丽决心弄清楚自然界里除了铀以外是否还有其他元素能自发产生辐射。经过努力，玛丽很快发现自发辐射现象并非铀所独有，其他物质也可能会自发辐射，她把物质的这种性质称作"放射性"。

这位女物理学家为放射性而深

居里夫人Ⓦ

深着迷,她毫不疲倦地用同样的方法去研究不同的材料。直到有一天,她开始对各种放射性矿物进行测量时,有了新的发现:沥青铀矿的放射性,远远高于根据沥青中铀含量计算的结果,因此她猜想沥青中必然存在放射性比铀更强的元素。

为了寻找这种新元素,居里夫妇向学校借用了一间极为简陋的实验室。在这里,他们利用奥地利政府提供的几吨废铀渣,进行了几个月的大量的艰苦实验。1898年,居里夫妇宣布,他们发现了一种新的放射性元素。为纪念祖国波兰,玛丽将这种新元素命名为"钋"。同年,他们又发现了另一种放射性更强的新元素"镭"。

1902年,居里夫妇终于提炼出了纯镭,并且初步测定出新元素的原子量是225,它的放射性比铀强200万倍,比钋强5000倍。镭不只有美丽的颜色,它还会自动发光! 它们那些略带蓝色的荧光的轮廓闪耀着,悬在夜的黑暗中。这一发现立刻在物理学界引起了巨大的轰动,以至于玛丽曾经懊悔自己过于性急,没有将名字钋用在这个更重要的新元素上。

玛丽所开创的、用放射性进行化学分离与分析的方法奠定了放射化学的基础。1903年,她以论文《放射性物质的研究》获得博士学位。同年,居里夫妇与好朋友贝克勒耳一起分享了诺贝尔物理学奖。事实上,这三位科学家在研究放射性的工作上是相互启发、交替进行的,这也反映了当时欧洲物理学界的蓬勃兴旺。当居里夫妇在贝克勒耳的工作基础上发现更多的放射性元素后,贝克勒耳又做了两项重要的工作。1900年,贝克勒耳发现镭射线中含有带负电的粒子,通过测量其荷质比,贝克勒耳断定这种粒子正是约瑟夫·汤姆孙所发现的电子,并将其命名为射线。1904年,贝克勒耳最早发现了放射

位于波兰卢布林居里夫人大学的居里夫人像Ⓦ

衰变现象,即一种元素转变为另一种元素。

1906年,皮埃尔·居里因车祸去世,玛丽接替她的丈夫成为巴黎大学理学院第一位女教授。1910年,她最重要的著作《放射性》出版。同年,她提炼出金属态的纯粹的镭。1911年,由于发现了钋和镭并提炼出纯镭的工作,玛丽获得诺贝尔化学奖,成为第一个两次获得诺贝尔奖的人。

但是,在发现放射性的初期,人们并不知道核辐射的危害,贝克勒耳甚至曾经将居里夫妇赠予自己的放射性元素放在衣服口袋里,

玛丽·居里故居墙上的壁画,玛丽手里的试管散发出她发现的元素:钋和镭①

导致皮肤严重灼伤。玛丽也由于长期从事放射性工作而罹患多种慢性疾病,健康每况愈下,于1934年7月4日逝世。

居里夫妇与他们的女儿伊雷娜⑩

1897 年
约瑟夫·汤姆孙发现电子

1897年，英国物理学家约瑟夫·汤姆孙用实验证明了电子的存在，这是他一生中最重要的学术贡献。

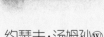

约瑟夫·汤姆孙Ⓦ

1858年阴极射线被发现之后，人们对于阴极射线的本质究竟是什么产生了激烈的争论。以赫兹为代表的德国物理学家认为，阴极射线可以通过金属薄片，且能使物质产生荧光，因此是类似紫外线那样的以太波，而大多数英国和法国的物理学家则认为阴极射线是一种带电粒子流。当时人们普遍认为原子是不可再分的，这令粒子说一方处于相对不利的地位。然而，约瑟夫·汤姆孙仍坚持支持粒子说。他认为，只要能证明阴极所发出的射线在电场和磁场中发生偏转，就能证明阴极射线确实是带电粒子流。

为了证实自己的想法，约瑟夫·汤姆孙制作了低真空玻璃管，使阴极发出的

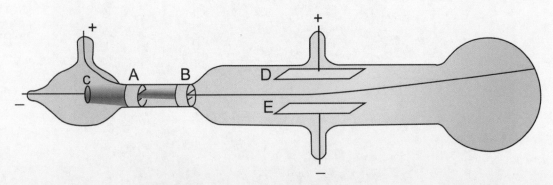

约瑟夫·汤姆孙设计的实验装置，他用这个装置观察到电子束在电场中的偏转，并由此测得电子的荷质比Ⓢ

射线通过阳极前的狭缝后，形成一束狭窄的射线。在没有外加电场及磁场情况下，阴极射线笔直地射到管子的另一端，形成磷光亮斑。然后，他对阴极射线施加一个电场，观察到光斑发生了移动，说明射线发生了偏转。接下来，他把一个

与电场垂直的磁场作用于阴极射线,发现阴极射线也发生了偏转。这个实验证明了阴极射线是一种带电粒子流。

那么,这种带电粒子的质量与电荷量是多少呢?约瑟夫·汤姆孙设计了一个非常巧妙的实验,使阴极射线所受到的静电偏转力和磁场偏转力相抵消,根据带电粒子在电场、磁场中的作用力计算公式就可以推算出该粒子的荷质比。实验结果表明,阴极射线粒子的荷质比几乎是氢离子荷质比的2000倍。实验中,约瑟夫·汤姆孙发现,构成阴极射线的微粒都是一样的,与管内阴极或气体的成分无关。由此推断,阴极射线粒子是原子的基本组成部分,是一种更为基本的粒子。

氖的同位素质谱ⓦ

约瑟夫·汤姆孙设计的荷质比测量法成为化学和粒子物理学非常重要的实验方法。1912年,他和助手阿斯顿利用这种方法首次分离出氖原子的两种同位素氖20和氖22,成为首个对非放射性元素的同位素进行分离的实验。后来,阿斯顿把实验装置进行改进,发明了质谱仪,他借助质谱仪发现了大量非放射性元素的同位素,并被授予1922年的诺贝尔化学奖。

1897年4月30日,约瑟夫·汤姆孙在英国伦敦皇家学会以《阴极射线》为题做了研究报告,宣布他的发现。随后,他又在《哲学杂志》上发表了论文,系统阐述他的实验结果。后来人们把这种粒子命名为"电子"。1899年,约瑟夫·汤姆孙又利用他的学生威尔逊发明的云室,测量了电子的电荷和质量,测出电子的电荷量与氢离子属于同一量级,最终得出电子的质量约为氢原子质量的1/1837。

电子是人类所认识的第一个基本粒子。电子的发现敲开了通向粒子物理学的大门,它宣告了原子是由更基本的粒子组成的,从而预告了物理学新时期的到来。

1903年,约瑟夫·汤姆孙又提出"葡萄干布丁"的原子结构模型,认为原子是一个

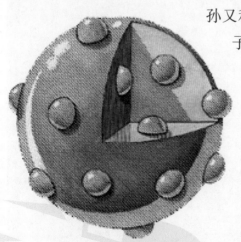

原子的葡萄干模型ⓦ

剑桥大学卡文迪什实验室外墙上的牌匾，纪念约瑟夫·汤姆孙1897年在这里发现电子⑪

球体，正电荷均匀地分布在整个球内，电子像葡萄干一样镶嵌在布丁里面。遗憾的是，这种模型并不能正确地反映原子的真实结构，很快被他的学生——卢瑟福提出的"原子行星模型"所替代。但是，这并不妨碍约瑟夫·汤姆孙被誉为"一位最先打开通向基本粒子物理学大门的伟人"，他于1906年获得诺贝尔物理学奖。

约瑟夫·汤姆孙一生的成就与他强调理论与实验相结合是分不开的，可以说，他既是一位优秀的实验物理学家，同时又是一位理论物理学家。此外，约瑟夫·汤姆孙还是一位优秀的导师，他对学生要求严格，要求研究人员应该具有扎实的实验技术和理论基础，他认为研究人员不仅是实验的观察者，更应该是实验的设计者。他在担任英国卡文迪什实验室导师及主任的34年间，培养出了众多的物理学家和学术带头人，其中包括卢瑟福、威尔逊等9位诺贝尔物理学奖得主。他的儿子乔治·汤姆孙（1937年诺贝尔物理学奖获得者）回忆道，约瑟夫·汤姆孙之所以能在科学研究和科学教育领域取得巨大的成就，是"创造力和热情"使然。约瑟夫·汤姆孙逝世后，被安葬在英国威斯敏斯特教堂。

约瑟夫·汤姆孙（前排左三）和他的学生⑫

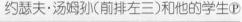

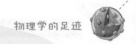

1898 年
威尔逊发明云室

云室是早期原子核和基本粒子实验中观测微观粒子径迹和发现新粒子的重要仪器,发明者为英国物理学家威尔逊。

威尔逊Ⓦ

威尔逊早年对云的现象很感兴趣,1898年,他设计了一个密封容器用于观察云的形成。一般而言,要使水蒸气凝结,必须有尘埃等微小颗粒作为凝结核。然而,威尔逊发现,即使容器中一尘不染,仅用X射线照射容器中的气体,云雾也能立即出现,这说明容器中还存在其他凝结核。威尔逊随即联想到约瑟夫·汤姆孙曾发现X射线能使空气电离,他认为,当X射线进入云室时,X射线路径上的水蒸气分子会被电离,成为带电的离子,其他水蒸气分子就以带电的离子为核心,凝聚成小液滴。威尔逊花了几年的时间,终于在卡文迪什实验室的工厂里制成了第一台可以利用饱和水蒸气凝聚现象观察带电粒子的径迹的实验装置,也就是云室。随后,他又为云室增设了照相设备,使原来看不见摸不着的离子运动径迹直观地呈现在人们面前。

威尔逊的云室Ⓦ

1911年,威尔逊用云室首先观察并照相记录了α和β粒子的径迹。1927年,威尔逊因发明云室,与康普顿分享了诺贝尔物理学奖。云室的发明,对于促进当时处于全球研究热潮的天然放射性元素的研究,起到了非常积极的作用,极大地加快了粒子物理学与核物理学的发展。

1899 年
卢瑟福发现α射线和β射线

1896年贝克勒耳发现天然放射性之后,居里夫妇从沥青中提取出了天然放射性单质元素钋和镭,用实验证实了自然界中确实存在放射性元素,从此拉开了放射性研究的序幕。

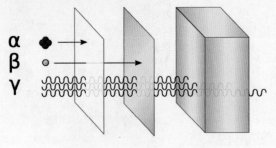

三种射线的穿透能力比较⑤

为了进一步了解所谓的"放射性"究竟是什么,英国剑桥大学的物理学家卢瑟福在贝克勒耳的研究基础上,针对放射性元素铀发出的射线做了深入的研究。他用多层铝箔把铀盐包裹起来,研究铀放射线的穿透能力。

1899年,卢瑟福发现铀盐的发出的辐射实际上包含两种射线,一种穿透性很弱,可以很轻易地用纸或单层铝箔挡住,而另一种穿透力很强,需要多层铝箔才能挡住。于是,卢瑟福用希腊字母把前者命名为α射线,后者命名为β射线。

1900年,法国物理学家维拉尔发现,铀盐的辐射中还包含一种穿透力更强的射线,称为γ射线。

如今,人们已经知道,α射线由氦原子核组成,带正电,质量较大;β射线由电子组成,带负电,质量较轻;γ射线是频率高于10^{19}赫兹的电磁波光子,不具有电荷及静质量。可以利用磁场中的偏转性质来区分这三种射线,在与射线方向垂直的磁场中,α射线偏转较小;β射线偏转较大,且与α射线偏转方向相反;γ射线则不发

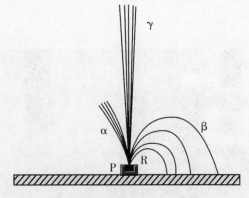

三种射线在磁场中的偏转⑤

生偏转。一般来说,人的皮肤或者一张纸就可以挡住α射线,一块几厘米厚度的木板或者几毫米厚度的铝箔就可以阻挡β射线,而能量很高的γ射线能够轻易穿透人体组织,只有采用厚厚的混凝土或者厚达几厘米的铅板才能阻挡它!

1900 年
普朗克提出量子论

在19世纪的最后几天，诸多世界一流的物理学家齐聚一堂，共同商讨物理学的未来。其中开尔文勋爵在致辞中无比自豪地表示，经典物理学大厦已经落成，剩下只是一些修修补补的装修工作而已。因为在那个时候，牛顿力学、麦克斯韦电磁场理论和热力学与统计物理已经非常成熟，仿佛自然界中的力、热、光、电、磁等一切物理现象都可以找到相应的理论模型来解释，所谓的新发现无非是看属于哪种理论范畴而已。不过，开尔文在致辞最后，也略表忧虑地指出"物理学美丽而晴朗的天空依旧存在两朵乌云"。

普朗克Ⓦ

这两朵乌云，一个指的是迈克耳孙—莫雷实验证明以太漂移不存在，和当时电磁场理论的基础假设相矛盾；另一个是黑体辐射实验结果无法用已有的热力学理论来完全解释。开尔文并非在杞人忧天，在之后的20年里，物理学天空这两朵乌云愈演愈烈，最终变成了狂风骤雨，把经典理论的尘雾冲刷干净后，向人们展示了全新的物理学——相对论和量子力学。把物理学这条"经典幼虫"蜕变为美丽的"现代蝴蝶"的，就是德国物理学家普朗克。

普朗克出身于神学和法学之家，从小就受到优质的教育，在音乐方面颇有天赋，会弹钢琴、拉大提琴，还会作曲。中学时期，普朗克在数学家米勒的指导下对数理科学产生了浓厚的兴趣。在大学选取专业的时候，普朗克没有因独特的音乐天赋而走上艺术道路，而是选择了钻研自己钟爱的物理学。慕尼黑大学的物理学教授约利曾劝说普朗克别学物理，因为"物理学主要架构已经完成，再做些修补工作已无重要意义"。然而，普朗克回复道："我并不期望发现新大陆，只希望理解已经存在的物理学基础，或许能将其加深。"

为了解释黑体辐射的物理本质，物理学家从热力学基本定律出发，提出了两种理论描述：瑞利—金斯描述和维恩描述。不幸的是，这两个理论都不够完美，

前者仅与黑体辐射的低频(长波)电磁波段吻合,后者仅与黑体辐射的高频(短波)电磁波段吻合。更糟糕的是瑞利—金斯公式计算出的高频紫外线强度趋于无穷大,完全背离了物理学常识,史称"紫外灾难"。为了解决这个问题,普朗克花了四年多的时间,对瑞利—金斯公式和维恩公式进行整合,终于得到了一个可以完美描述黑体辐射电磁波谱的公式。这个公式的基础,来源于一个令人难以置信的假设——必须认为电磁辐射能量是不连续的,就像一个个能量量子,其能量大小与辐射频率成正比,比例系数现在称为普朗克常量 h。不连续的能量这个概念让当时的许多物理学家难以理解,人们起初并没意识到这个看似东拼西凑出来的公式有多么重要。然而,物理学羽化成蝶的脚步就在这一片争议和漠然中开始了。

五年后,年轻的爱因斯坦大胆采用了普朗克的能量量子假说,提出了光量子假说,并成功解释了光电效应现象。人们才幡然醒悟,原来普朗克的假设还是有用的!随后,德布罗意提出了物质波的概念,认为所有的物质都有波动性,尤其是微观粒子同时具有粒子性和波动性(即波粒二象性)。紧接着,玻尔、薛定谔、海森伯、玻恩、狄拉克等人从波动性和

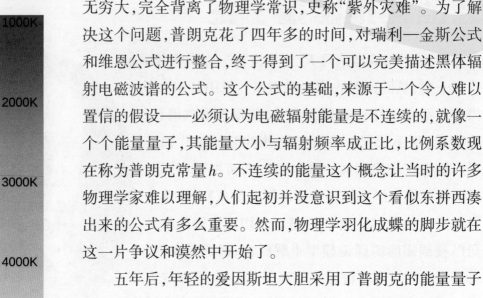

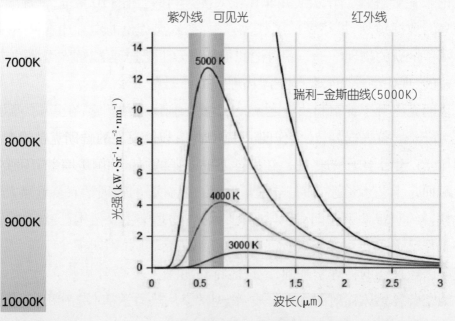

不同温度黑体的颜色Ⓢ　　　　不同温度黑体的辐射谱线与瑞利-金斯曲线Ⓟ

能量量子化角度成功建立起了描述微观粒子的基本物理学——量子力学，大量新物理学概念随之涌现，物理学顿时变得更为多姿多彩起来！这一切都要归功于普朗克的大胆假设，物理学家为了纪念1900年12月14日普朗克提出量子假说，而将这天命名为"量子日"。量子力学的建立成为新旧物理学的分水岭，量子力学之后的物理学统称为近代物理学，之前的物理学一般叫做经典物理学。

IN DIESEM HAUSE
LEHRTE
MAX PLANCK
DER ENTDECKER
DES ELEMENTAREN
WIRKUNGSQUANTUMS h
VON
1889 1928

柏林洪堡大学的牌匾，以纪念普朗克常量 h 的发现者普朗克 1889—1928 年在此任教①

令人感到无比惋惜的是，普朗克本人对他的量子假说并不自信。可以想象，在经典物理学根深蒂固的环境下，推陈出新的大胆假说很难立刻得到呼应，久而久之普朗克也就对自己的标新立异感到困惑了。尽管普朗克因为提出量子论获得了1918年诺贝尔物理学奖，但他之后的人生几乎都在为将量子假说纳入经典物理学框架而做无谓的努力。

1947年10月3日，普朗克去世，在格丁根市区公墓里，静静地仁立着一块墓碑，上面刻着普朗克的肖像和他发现的普朗克常量 h。为纪念普朗克的科学贡献，德国威廉皇帝研究院（德国科学院）更名为马克斯·普朗克研究所（简称马普所），是目前世界上著名的基础科学研究中心之一。

位于柏林的普朗克像①

1902年
卢瑟福和索迪提出原子自然衰变理论

1899年，英国化学家克鲁克斯在分离铀矿的过程中，发现一部分铀具有放射性，另一部分铀却没有放射性。后来，又有一些科学家发现，物质的放射性并不是稳定不变的，而是会随着时间的流逝而减弱直至消失。这些奇异的现象引起物理学教授卢瑟福的极大兴趣，为了研究这个问题，他找来精通化学的索迪做实验助手，共同探索放射性现象的本质。

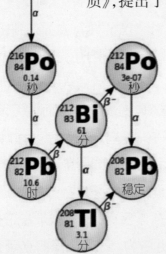

钍元素的链式衰变①

他们首先对钍进行研究，发现放射性元素钍不仅会产生射线，还会产生新的气体，他们称之为钍射气。后来，他们对有放射性的镭、锕进行研究，发现它们也会产生镭射气、锕射气。在对射气进行研究后，1902年，卢瑟福和索迪共同发表了划时代的论文《放射性的原因和本质》，提出了原子自然衰变理论，他们认为放射性原子是不稳定的，它们自发地放射出射线和能量，而自身则衰变成另一种原子，这有别于原子本身不发生变化的化学反应。同时，他们还首先提出了半衰期和原子能的概念，使人们对原子有了新的认识。两年后，卢瑟福又将他们的理论归纳为放射性原子的链式衰变理论。

原子自然衰变理论打破了自古希腊以来人们一直相信的原子不可再分的传统观念，而认为一种元素的原子可以变成另一种元素的原子。卢瑟福因此获得了1908年诺贝尔化学奖。卢瑟福还根据放射性元素半衰期固定的特点，提出了利用半衰期测量地球年龄的方法，结果证明地球实际上比大多数科学家认为的要古老很多。如今，考古学家也经常利用碳14的衰变来测量古生物化石的年龄。

1903 _年

齐奥尔科夫斯基《利用喷气工具研究空间》发表

"地球是人类的摇篮,但人不能永远生活在摇篮里。他们不断地向外探寻着生存的空间:起初是小心翼翼地穿出大气层,然后就是征服整个太阳系。"这是现代航天学与火箭理论的奠基人,俄国科学家齐奥尔科夫斯基的一段经典名言。虽然在当时的科技条件下,无法进行真正的航天实验,齐奥尔科夫斯基却凭借非凡的智慧,独自推导出火箭推动原理,为火箭技术和星际航行奠定了理论基础,他的这句名言也激励着众多科学家为挣脱地球的束缚而努力。

齐奥尔科夫斯基Ⓦ

齐奥尔科夫斯基家境贫寒,童年时还曾经患猩红热病而几乎完全丧失了听力。虽然仅在伊耶夫斯科的乡村学校受到一些正规教育,但是齐奥尔科夫斯基凭借自学,掌握了大量中学和大学数学、物理学、天文学课程知识,并从此走上了科学研究之路。

1903年,齐奥尔科夫斯基在莫斯科的《科学评论》杂志上发表了航天学经典论文《利用喷气工具研究宇宙空间》,这是他一生中最重要的学术著作。在文章中,齐奥尔科夫斯基阐述了火箭飞行的基本原理,分析了将火箭用于星际航行的可能性。他提出,为实现飞往其他行星的设想,必须设置地球卫星式的中间站。他首创了用液体燃料代替固体燃料作为火箭推进剂的设计思想,还设计了火箭的原理图与结构示意图,并论证了火箭采取流线形的必要性。最为重要的是,文中给出了著名的宇宙航行基本公式——火箭速度公式(也称齐奥尔科夫斯基公式),以及火箭在重力场中

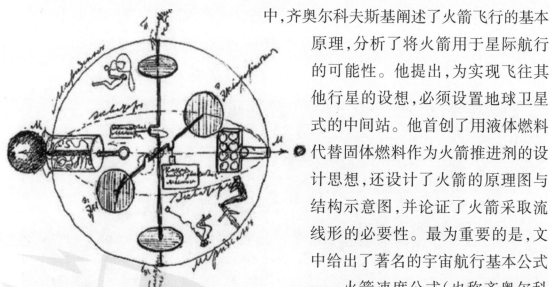

齐奥尔科夫斯基绘制的太空飞行器图Ⓦ

齐奥尔科夫斯基纪念币Ⓦ

的运动方程式,说明了火箭在星际空间飞行和从地面起飞的条件。他还通过计算,证明只有用多级火箭,才能飞出地球。齐奥尔科夫斯基在人类宇航史上作为理论奠基人的地位由此确定。

在后来的工作中,齐奥尔科夫斯基还对星际航行可能存在的问题进行了大量的研究与展望。他设计了载人宇宙飞船的草图,并研究了载人宇宙飞行的种种问题,包括载人飞船内如何保持适宜的温度、压力、湿度等条件,飞船内空气和水的净化和重复使用问题,二氧化碳的吸收问题,利用绿色植物提供氧气的问题,以及宇航员如何克服起飞时的高过载问题等。

齐奥尔科夫斯基著作颇丰,一生共出版了500多部关于宇宙航行的著作,他的学说构成了一个相当完整的航天学理论体系,其中许多研究成果在航天史属于第一,如首次明确提出液体火箭的概念并论述了液氢——液氧作为推进剂用于火箭的可能性,首次提出多级火箭的设计思想,首次提出空间站的设想,首次提出太空移民思想等。

齐奥尔科夫斯基是一位对宇宙航行充满热情的科学家,他撰写了不少科普及科幻作品,如1896年撰写的科幻小说代表作《在地球之外》,就描述了在2017年,富兰克林、伽利略、亥姆霍兹等人一起进行的一次星际航行。此外,他的代表作还有《宇宙的召唤》、《在月球上》等,即使在今天读起来仍然很有趣。

位于莫斯科的齐奥尔科夫斯基纪念碑Ⓨ

1905年
爱因斯坦创立狭义相对论

　　1887年,迈克耳孙和莫雷用极其精密的实验无可辩驳地证实,光速在任何一个方向都是一样的。这个发现令所有人都震惊了！因为根据经典力学的时空观,观察者必须与以太相对静止,才会得到这样的结论。而我们生活的地球正在相对以太不停地运动,在地球上观察的光速,应该是光在以太中的速度,减去地球相对于以太的运动速度,因此,光速不应该在任何方向都一样。究竟哪里出了问题？人们百思不得其解,迈克耳孙—莫雷实验成为笼罩在经典物理学天空的"两朵乌云"之一。

爱因斯坦Ⓟ

　　1904年,洛伦兹为了调和迈克耳孙—莫雷实验结果与经典力学时空观之间的矛盾,提出了洛伦兹变换方程。根据他的设想,观察者相对以太以一定速度运动时,长度在运动方向上发生了收缩,抵消了不同方向上光速的差异。不过,方程提出之后,洛伦兹自己却觉得"长度收缩"这个说法非常荒谬可笑,也就没把它当一回事。

　　"长度收缩"真的那么荒谬吗？年轻的爱因斯坦并不这么认为,他凭着初生牛犊不怕虎的精神,在分析了当时有关的实验事实后,于1905年提出了狭义相对论的两个基本假设:(1)相对性原理,即在任何惯性系中,任何物理规律都相同;(2)光速不变原理,即在任何惯性系中,真空中光的速度都相同。由此可导出时间和空间在不同惯性系之间的变换关系,称为洛伦兹变换。

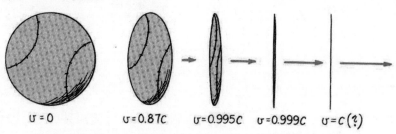

$v=0$　　　$v=0.87c$　　$v=0.995c$　　$v=0.999c$　　$v=c(?)$

接近光速运动的球的长度收缩,其中c代表光速Ⓢ

狭义相对论还可推导出许多重要结论,如:两件事发生的先后或是否同时,对于不同惯性系来说是不同的(但因果关系依然成立);运动物体在其运动方向上的长度缩短;运动时钟变慢;物体的质量随该物体的速度的增加而增加;物体的质量与能量存在普适的当量关系 $E = mc^2$。

为何相对论诞生之初那么令人关注?原因在于它描绘了一个神奇的世界,当运动速度接近光速的时候,整个世界都变了。假如你能够骑上一个接近光速的自行车在大街上奔驰,那你看到的情形将是周围的景物和人都变"瘦"或者说"压扁"了,如果你试图和光进行赛跑,当你越来越接近光速的时候你会发现周围的一切都"静止"了。

为了帮助人们理解相对论,有人提出了有趣的"双生子佯谬"理想实验,如果

双生子佯谬⑤

有一对双胞胎兄弟,哥哥驾驶宇宙飞船去太空旅游,弟弟留在地球上,宇宙飞船上的哥哥相对于地球上的弟弟是不断高速运动着的,他的时间会流逝得慢一些,也就是说等这位宇航员哥哥回到地球时,与他同年同月同日生的弟弟也许已经

年华老去，而他自己却仍然青春依旧。看来，太空旅行似乎可以让人长生不老！不过切莫兴奋太早，人类很多运动速度都是远远低于光速的。短跑健将博尔特也难以在9秒内跑完百米，人类目前最快的火箭速度也超不过10千米/秒，光速有多快？差不多30万千米/秒！根据物理原理，你是永远追不上光的。而目前在太空待最久的宇航员，他所"赚取"的时间不过是零点几秒而已，不幸的是，强烈的太空辐射、肌肉萎缩、骨质疏松等症状对他造成的伤害，至少令他"减寿"数年，真是赚少赔多啊。

　　1905年是爱因斯坦的丰收年。这一年，他不只是提出了相对论，这一年他共发表了六篇划时代的论文，分别为：《关于光的产生和转化的一个试探性观点》、《分子大小的新测定方法》、《热的分子运动论所要求的静液体中悬浮粒子的运动》、《论动体的电动力学》、《物体的惯性同它所含的能量有关吗？》、《布朗运动的一些检视》。爱因斯坦用这六篇论文解释了光电效应、布朗运动，提出了狭义相对论，涉及20世纪物理学的三大领域：量子力学、相对论和热力学统计物理。因此1905年被称为"爱因斯坦奇迹年"。为了纪念爱因斯坦的贡献，100年后的2005年被联合国定为"世界物理年"。

1906 年
能斯特提出热力学第三定律

能斯特Ⓦ

1906年，德国物理化学家能斯特根据凝聚态物质在低温下化学反应的性质提出了绝对零度（0K或-273.15℃）只能无限接近，永远不可能达到的定律，又叫能斯特定律。10年后，人们公认它是热力学的一条基本定律，并取名热力学第三定律。1920年，能斯特因此获得了诺贝尔化学奖。

除了热力学第三定律，能斯特还对化学和物理学做出过许多重要贡献。1897年，能斯特发明了能斯特灯，这种灯对红外线光谱学十分重要。1930年，能斯特与西门子公司合作，开发了一种使用电磁感应放大器产生放大声音的电子琴，原理与电吉他相似。

能斯特还是一个政治型的大学者。在阅读了爱因斯坦的研究论文之后，能斯特与普朗克敏锐地感觉到爱因斯坦理论将长期决定物理学的研究方向，于是他们联名推荐爱因斯坦为普鲁士科学院院士，推荐信上写着："只有把爱因斯坦请来，柏林才能成为世界上绝无仅有的物理学研究中心。"1913年夏天，年过半百的普朗克和能斯特，风尘仆仆地从柏林来到苏黎世，登门拜访爱因斯坦，用极为优厚的待遇诚挚邀请爱因斯坦担任正在筹建中的威廉皇家物理研究所所长。

能斯特与普朗克、爱因斯坦是量子力学的领军人物，他们被誉为"量子理论的三驾马车"。

能斯特、爱因斯坦、普朗克、密立根、劳厄（从左到右）Ⓦ

1908年
昂内斯制得液氦

18世纪初,化学家通过努力,陆续发现了氮气、氧气、二氧化碳等空气中的几种主要气体。这些气体是否可以像水蒸气一样液化呢?

科学家首先采用增大气体压强的方法,很快就获得液氮、液氧和液态二氧化碳等液化气体。1898年,英国物理学家杜瓦和荷兰物理学家昂内斯分别在零下253°C(20K)低温下制得了液态氢。在如此低的温度下,只剩下最后一个"顽固"的气体——氦气尚未被液化。

氦气是自然界最轻的惰性气体,仅仅比氢气略微重一点。为彻底把这个最"懒惰"的气体液化,荷兰物理学家昂内斯费尽了心思。他在莱顿大学建立起了大型氧气、氮气液化工厂,同时生产大量液态氢。他首先利用液氢把氦气冷却到20K的低温,然后让氦气流迅速膨胀,从而进一步降低氦的温度。1908年7月10日,昂内斯终于在实验室达到了氦气的液化点,并以-269°C(4K)刷新了人造低温的新纪录。由于液氦不容易被看到,昂内斯起初以为实验失败了。在用光照射液氦的容器后,昂内斯通过光的反射终于观察到了液氦,确认了氦已被液化。

氦气的最终液化,开启了人类从事低温物理研究的大门。昂内斯本人近水楼台先得月,率先对金属电阻开展了低温环境下的研究,并于1911年发现了超导现象。1913年,昂内斯因为对物质低温性质的研究和制成液氦获得了诺贝尔物理学奖,被誉为"绝对零度先生"。

埃伦费斯特、洛伦兹、玻尔、昂内斯(从左到右)在实验室讨论Ⓟ

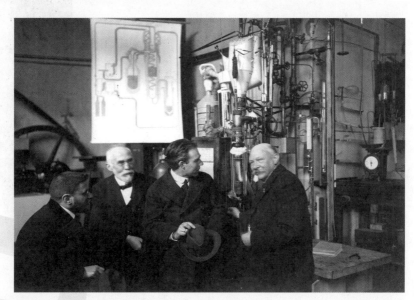

1908 年
闵可夫斯基提出四维时空

1908年，德国数学家闵可夫斯基受到爱因斯坦狭义相对论的启发，从数学角度提出了"3+1"的时间—空间概念，即三维空间和一维的时间实际上是一体的，共同构成了一个四维时空。爱因斯坦很快接受了这个概念，并推广应用于创立广义相对论工作中。可以说，四维时空的概念就是广义相对论的骨架。

闵可夫斯基Ⓦ

闵可夫斯基是一名数学家，他的祖国是俄国，出生在德国，工作在瑞士。工作单位就是爱因斯坦的母校——苏黎世联邦工业大学，而他就是当年爱因斯坦的数学老师。闵可夫斯基和爱因斯坦从师生缘到物理缘，共同创造了相对论的辉煌。

对科学的热爱还成就了闵可夫斯基与数学家希尔伯特之间的终生友谊。闵可夫斯基与希尔伯特的家隔河相望。他们俩只要同在一地，总会定期碰面，边散步边讨论数学，他们称之为"数学散步"。当他们不在一地时，则书信来往，交流切磋。他们以极大的兴趣仔细阅读彼此的每一篇文章和讲稿，发表热情的意见和建议。

1909年，闵可夫斯基因急性阑尾炎抢救无效英年早逝，年仅45岁。闵可夫斯基去世后，希尔伯特的精神极度受创。伤感之余，希尔伯特整理了闵可夫斯基的遗作，于1911年出版了《闵可夫斯基全集》。

闵可夫斯基之墓①

1911 年
卢瑟福提出原子结构的有核模型

　　20世纪初,原子论已经被广泛接受,然而,新的问题又产生了:原子内部是怎样的呢? 为了探测原子内部结构,最简单直接的办法就是找到一个合适的"子弹"去"射击"原子,看"子弹"是如何偏转的。英国物理学家卢瑟福利用他在天然放射性研究方面得天独厚的优势,很快找到了这个合适的"子弹"——α粒子。

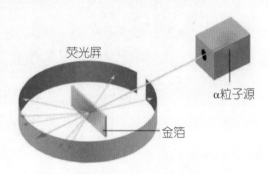

卢瑟福原子散射实验ⓦ

因为在天然射线中,α粒子(氦原子核)带正电,具有较大的质量和较低的速度,最容易探测其运动轨迹。

　　1911年,卢瑟福用α粒子轰击金箔并追踪其轨迹,他发现大部分α粒子都如入无人之境穿透过去,只有一部分轨迹发生了偏转,说明它们受到了正电荷的排斥作用,其中还有万分之一的粒子是如撞墙后原路弹回的。这说明在金原子内部存在一个比α粒子质量大得多且带正电的"核心",其直径仅仅是原子直径的万分之一左右,卢瑟福把它叫做"原子核"。由于原子本身是电中性的,所以为了平衡,原子核外就是一堆带负电的电子紧密围绕在原子核外围。

　　关于原子内部结构的探索还远没有停止,为了理解电子在原子内部是如何运行的,物理学家先后提出了

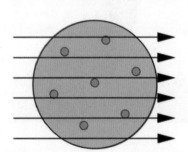

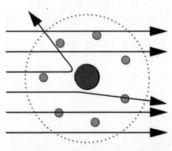

约瑟夫·汤姆孙的原子模型预期α粒子会笔直穿过金箔(上图)。而实际上,部分α粒子发生偏转(下图)ⓦ

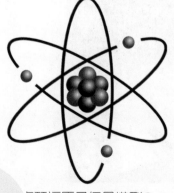

卢瑟福原子行星模型ⓞ

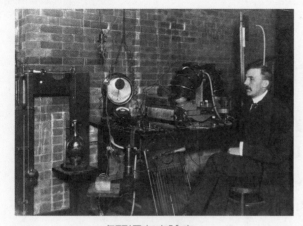

卢瑟福在实验室Ⓦ

"葡萄干布丁模型"、"行星轨道模型"、"量子化原子模型"等一系列模型,最终促使了量子力学的建立。而量子力学最成功的案例之一就是氢原子模型,在这个模型中,电子不再是以"轨道"形式在原子内部运动,而是以"电子云"形式,最基本的氢原子的电子云是球形,在某些特定直径处电子出现概率较大。对应于之前"轨道"的概念,不同原子里的电子云形状多种多样,它们有"哑铃形"、"十字梅花形"、"纺锤形"等等,这才是电子在原子内部的真实情况。

卢瑟福的实验同样创造了粒子物理学的基本研究方法——撞击或者对撞。现今粒子物理学家仍采用对撞的方法来研究粒子的内部结构和粒子间的相互作用。北京的正负电子对撞机、美国费米实验室的粒子对撞机、欧洲大型强子对撞机等都是目前科学家寻找新粒子的最主要装备。虽然对生物学家来说,将两只青蛙对撞,然后研究其碎片,从而得出

少年卢瑟福Ⓦ

青蛙的内部结构,这种研究是最为糟糕也是最不可信的。但是对物理学家来说,粒子内部作用能量太大,人类无法找到合适的手术刀来解剖,对撞,或许是目前唯一且最好的办法。

卢瑟福出生地纪念墙①

1911 年
密立根油滴实验完成

　　1906年,约瑟夫·汤姆孙通过测量电子在磁场中的偏转确定了其荷质比后,美国物理学家密立根注意到了他的论文,为了精确测量电子的电荷量,密立根设计了著名的油滴实验。

密立根Ⓦ

　　在两块平行金属板中喷入油滴,并用显微镜观测其运动,在金属板和油滴都不带电的情况下可以测量油滴下落时间,从而推算出油滴的质量。然后他通过X射线照射让油滴带电,并在两块金属板间加上电压,使带电的油滴受到的静电力和重力相互平衡,由此计算出油滴的荷质比。知道了油滴的质量和荷质比,便不难算出油滴的电荷量了。密立根总共做了几千次测量,得到了大量实验数据,从海量数据中,密立根总结出一个规律——所有油滴的带电量都是某一个数值的整数倍。密立根认为这就是元电荷,又叫基本电荷,经过计算,基本电荷电量为1.6×10^{-19}库仑。

　　密立根的油滴实验开创了物理学中用大量实验数据统计来总结基本物理规律的新方法,他以严谨细致且富有创造性的实验进一步测量了光电效应,于1916年证实了爱因斯坦的光电效应方程并给出了量子力学基本常量——普朗克常量的值。由于密立根的卓越贡献,1923年,他被授予诺贝尔物理学奖。密立根发明的实验原理至今仍在前沿科学中发挥巨大作用。

油滴实验装置Ⓦ

1911 年
昂内斯发现超导现象

1908年,荷兰莱顿大学的昂内斯在实验室创造了当时最低温度的纪录——4 K,相当于-269℃。为了让低温技术有更多的用武之地,昂内斯决定把金属放到低温条件下,看它们的电阻是否会有所变化。

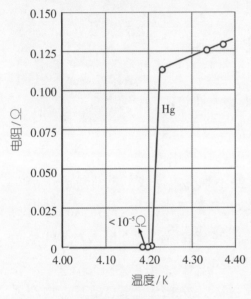

汞的超导电性⑤

当时针对金属电阻在低温的行为有多种说法,有人认为金属电阻随温度下降会逐步降低,最终在绝对零度降为零;也有人认为金属电阻在低温下会达到一个极小值,之后会因为电子被冻住而变成无穷大;还有人认为金属电阻在低温下最终达到一个饱和值不变。理论终需实验来验证,为了得到最为准确的数据,昂内斯首先选择金属汞作为研究对象。因为在室温下汞是液态,很容易通过蒸发获得纯度极高的样品,在低温下汞会凝结成固体,测量电阻也较为容易。出乎意料的是,1911年昂内斯的学生在一次实验中发现,汞的电阻在4.2 K突然变得非常小,小到超出仪器的测量范围,几乎可以视为零。起初昂内斯还以为实验仪器出错,后来经过反复实验,证实此时汞的电阻率比导电性最好的银、铜等室温下电阻率的亿分之一还要小,在实验允许误差范围内可以认为是零。昂内斯把这个现象叫做超导,意指"超级导电"之意。超导的发现引发了物理学界的轰动,昂内斯本人也于1913年获得了诺

昂内斯(中间坐者)与他的学生Ⓦ

贝尔物理学奖。

在发现第一个超导材料金属汞之后，人们又陆续发现许多金属单质和合金在低温下具有超导电性。在元素周期表中，许多单质金属都可成为超导体，只是实

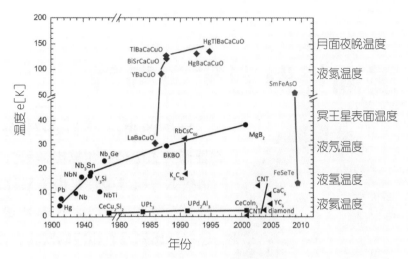

超导体材料发现时间及超导温度⑩

现超导的温度——超导临界温度非常低，有的还需要在高压下才能呈现。

超导体除了在某个温度电阻突降为零外，还有另一个重要特征——完全抗磁性，又称迈斯纳效应。这是1933年由德国物理学家迈斯纳和他的学生奥克森费尔德共同发现的。超导体在低温下进入超导态后，就像练就金钟罩铁布衫一样对磁场有强大的排斥作用。当超导体在磁场中受到的排斥力和重力相平衡时，就会悬浮在空中，这种现象称为超导磁悬浮。超导磁悬浮列车正是利用了迈斯纳效应的原理，由于列车悬浮在空中，大大减小了摩擦阻力，速度变得更快，运行过程中也更加安静和平稳。目前的磁悬浮列车大多是采用常规磁悬浮，超导磁悬浮的应用瓶颈主要在于超导体的临界温度都很低，因此，提高超导材料的临界温度是超导物理研究的第一任务。目前，最高超导临界温度是中国—美国科学家朱经武的研究小组在高压下测得的铜氧体系临界温度，为164 K。

超导磁悬浮①

1912年

赫斯探测到宇宙射线

赫斯Ⓦ

早在18世纪，人们就已经发现空气中的带电体会逐渐失去电荷。根据电荷丢失的一些现象，有学者猜想大气的导电性是由于某种辐射造成的，且这种辐射不是来自于地球本身，而是来自于地球之外，但这些猜想尚没有相应的实验证据支撑。

1912年，奥地利物理学家赫斯从实验上证实了这个猜想。赫斯曾系统学习过有关天然放射性的知识。为了消除地面放射性元素的影响，赫斯乘坐气球，携带自行设计的密闭电离室作为探测工具，进行高空实验。1911—1912年，赫斯共进行了8次高空实验。在最后一次飞行中，为了让气球飞得更高，赫斯给气球充满氢气，使实际飞行高度达到5350米。这次实验结果表明：在1500米以下，虽然高空中已经消除了地面放射性的影响，但是所测得的漏电率与地面上基本相同。由此可以初步断定，引起漏电的原因必然来自地面以外。赫斯还进一步发现，在1500米以上，随着高度增加，辐射和漏电率反而明显加大，电离甚至达到地面观测值的数倍。这一发现意义非同寻常，因为它意味着地球之外的外部空间确实存在着某种穿透能力很强的辐射！正是这种具有高贯穿能力的辐射到达大气层的底部，才使密闭的验电器导电，这就是地面漏电的真正原因。

后来，赫斯因为此项工作于1936年获得诺贝尔物理学奖。这种未知的辐射最终被命名为"宇宙射线"，意即来自于地球之外的太空。

赫斯坐氢气球测量宇宙射线Ⓦ

1913年

真空X射线管研制成功

1895年伦琴发现X射线时用的X射线光源还是克鲁克斯管,这是一种充气X射线管,对于科学研究来说并不好使,因为它寿命短、功率低而且很难控制。要让X射线走向大规模应用,需要更好的X射线光源。

库利吉_w

1913年,美国通用电气公司(前身为爱迪生照明公司)科研人员库利吉发明了真空X射线管。在该射线管中,一端是灯丝状的阴极,另一端是平板金属做的阳极。两端加上数万伏特的高电压,就会发射高速电子撞击到金属平板靶上。电子能量足够高就可以诱发X射线辐射。由于高速电子撞击金属靶会发热,所以金属靶一端需要用水来冷却。早期的X射线管体积较大也容易碎,现代的X射线管已经精简到一根圆珠笔的长度了。真空X射线管具有较高的功率和稳定的输出,极大地推进了X射线的应用。

现在为了更好地开展科学研究,人们建造了大型的同步辐射光源,为众多试验站提供X射线。同步辐射光源具有强度高、连续性好、光束准直性好等诸多优势,是目前最好的X射线光源之一。我国的上海光源是具有世界先进水平的同步辐射光源,可同时提供从远红外线、紫外线到硬X射线等不同波长的高亮度光束,每天可容纳几百名科研人员在各自的实验站点使用同步辐射光进行多学科前沿研究和高新技术开发应用,是科学研究的重要平台。

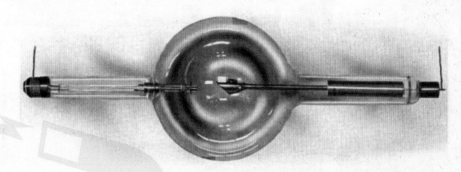

库利吉发明的真空X射线管_w

1913年 布拉格定律提出

1912年，劳厄用X射线照射晶体，得到了X射线衍射花纹，这不仅证明了X射线是一种电磁波，还让人们欣赏到不同晶体衍射形成的各种美丽花纹。这些花纹为什么各不相同？因为它们与晶体内部结构有着非常密切的关系。不过，要从复杂的晶体衍射斑点推演出晶体内部结构并不是件容易的事情。

英国物理学家亨利·布拉格（父）和劳伦斯·布拉格（子）为解释晶体X射线衍射花纹，进行了一番巧妙的数学推导，得到了反映X射线衍射花纹和晶格结构关系的数学方程 $2d\sin\theta=n\lambda$，称为布拉格方程。利用这么简洁的模型工具，布拉格父子从已知的氯化钠的晶体结构模型完美解释了X射线衍射斑点的分布。这一发现震惊了科学界，并立即引起了人们对岩盐在溶液中行为的思考。他们随后又计算了金刚石的正四面体结构。

亨利·布拉格Ⓦ

劳伦斯·布拉格Ⓦ

劳厄和布拉格父子对X射线的研究造就了一门新的技术——X射线衍射技术，它使得材料内部的原子排布不再神秘。1915年，劳厄、亨利·布拉格和劳伦斯·布拉格因X射线衍射的重大贡献，一起站到了诺贝尔物理学奖的领奖台上，分享这一伟大的殊荣。

布拉格父子发明的X射线衍射谱仪◎

1913 年
氢原子玻尔模型建立

1911 年，卢瑟福的α粒子轰击实验证明了原子核
的存在，在卢瑟福的原子模型中，核外电子是像行星
围绕太阳运动一样绕原子核运动，即存在一个个的
电子"轨道"。物理学家很快就发现了这个模型存
在巨大的漏洞，因为根据麦克斯韦电磁学，做环形
轨道运动的电子是要不断辐射电磁波的，这样会导
致电子的能量不断下降，也就意味着电子的轨道半
径会越来越小，最终湮没在原子核中，并导致原子
坍缩。换句话说，就是卢瑟福的原子模型是个不稳定的结

玻尔Ⓦ

构。但现实中却有着大量稳定的原子存在，否则就没我们这个世界！那么，电子
的轨道究竟是怎样的？为什么不会出现坍缩？

赫兹（左）与弗兰克（右）Ⓟ

为了解决这个问
题，丹麦物
理学家玻尔于 1913 年 7 月、9 月、
10 月，以《论原子构造和分子构
造》为题，先后分三部分发表了
一篇长文。文中他将光谱学、普
朗克和爱因斯坦的量子论，以及
卢瑟福的原子有核模型这三个
当时看来毫无关系的理论联系
起来，提出了两个基本假设，并
在此基础上建立了氢原子模
型。这两个假设，一是定态假
设：核外电子只能在某些无辐射
的定态轨道上运动；二是量子跃
迁假设：当原子从一个能级跃迁
到另一个能级时，将辐射（或吸

收)一个光子,辐射(或吸收)的光子的能量或频率则根据能量守恒定律确定。玻尔的原子模型又叫做量子化原子模型,主要是因为他采用了普朗克的量子论观点。现在看来该模型有许多人为假定因素且并不完全正确,但在当时玻尔的原子模型已经能够完美解释氢原子的光谱基本结构,更重要的是,玻尔模型虽是从经典物理学迈向量子力学的一小步,却也是人类物理学史上的一大步!

　　玻尔作为卢瑟福实验室的访问学者,继承了卢瑟福的光荣传统。他于1920年在丹麦哥本哈根成立理论物理研究所,培养了一大批原子物理学家,并带头创立了量子力学,哥本哈根大学也成为了当时世界上最前沿的理论物理研究中心。哥本哈根大学培养出的众多学者组成了"哥本哈根学派",他们影响了物理学中数代人。在量子力学中,许多概念如定态、跃迁、能级等都来自玻尔原子模型。1922年,玻尔因在原子物理和光谱学中的贡献获得了诺贝尔物理学奖。

　　尽管玻尔原子模型对氢光谱做出了解释,但要证明其正确性,还需要对其他原子做更多的实验加以验证。完成这个实验的是德国格丁根大学的弗兰克和哈雷大学的赫兹两人,他们于1913年精确测量了电子与汞原子碰撞时,电子损失的能量严格地保持在4.9电子伏,也就是说汞原子只接收4.9电子伏的能量。弗兰克—赫兹实验直接证明原子分立能级的存在,是对玻尔理论的最有力的支持。弗兰克和赫兹也因此获得了1925年的诺贝尔物理学奖。

哥本哈根大学❶

1916 年
爱因斯坦建立广义相对论

　　1905年是爱因斯坦收获颇丰的一年,尤其是他最为得意的狭义相对论,描述了物体在接近光速的运动状态。狭义相对论中描述的神奇现象令科幻迷为之痴迷,不过爱因斯坦并没有因此裹足不前。挑战牛顿力学,除了对牛顿三定律的重新演绎之外,还要处理有关万有引力定律的问题。

　　功夫不负有心人,在尝试许多弯路之后,爱因斯坦决定独辟蹊径。终于,1916年,爱因斯坦大胆悟出了两个基本原理:广义相对性原理和等效原理。爱因斯坦认为相对性原理在任何参考系中都成立,物理规律形式是不会随着参考系而改变的;而引力质量相当于引力的"荷",惯性质量相当于引力的"质",两者是完全等同的。通过这两个假设,爱因斯坦从黎曼几何中找到了他想要的描述:时空的几何性质是由物体质量来决定的。这很容易解释太阳系中行星的运动曲线,因为太阳的巨大质量导致时空弯曲,在弯曲的时空里自由运动物体的轨迹就是椭圆形、抛物线或者双曲线型的曲线,曲线的形式则取决于物体的运动速度,因此行星轨道为椭圆是必然的事情。

　　广义相对论提出起初并不被人们接受,主要是因为黎曼几何并不是物理学家熟悉的数学工具(当时人们都用欧几里得几何),甚至有人讥讽道:"全世界只有两个半人懂相对论。"理论被人们承认主要还依赖于实验的验证。1919年5月29日,英国天文学家爱丁顿用其精湛的观测技术在日全食情况下拍摄了星星的位置,并与夜晚星空相对比,他发现爱因斯坦理论是正确的——因为星星位置发生了偏移,代表光线在经过太阳附近时确实发生了

地球引力造成的时空弯曲想象图◎

《时间机器》电影海报ⓦ

偏折,弯曲时空确实存在。

广义相对论是对时空性质的直接描述,比起狭义相对论要更具有普适性,这也是"狭义"和"广义"两词的来源。需要说明的是,实际上广义相对论并没有推翻牛顿力学,在弱引力场和低速运动的条件下,牛顿力学给出的结果还是正确的。广义相对论给了人们更加丰富的想象空间,比如找到时空的虫洞就可以穿越到过去或者未来,实现时空旅行,许多科幻影视作品都采用了时空旅行作为题材,但要特别注意的是,广义相对论是不允许违反因果律的,时光旅行到过去的人所做的任何事情都可能对他造成不可忽略的影响。

1916年,爱因斯坦还提出了一个重要物理学概念——受激辐射。他在《论辐射的量子理论》中指出,激发态原子或分子在外界光辐射刺激下,会向某较低能态跃迁,从而辐射光子,该辐射光子和入射光子完全相同,相当于大大增强了光强度。受激辐射的概念促使了激光的发明和应用,1960年激光被发明,这种光具有非常好的单色性和聚焦性。激光的发明促使了许多应用,如激光刻录、光纤通讯、激光雷达等等。

通过虫洞穿越时空
想象图ⓦ

1917年

爱因斯坦创立静态宇宙模型

1917年，爱因斯坦发表了《根据广义相对论对宇宙学所做的考察》一文，将他的广义相对论和引力场方程应用于整个宇宙，提出了空间闭合的静态宇宙模型。在这一模型中，爱因斯坦认为宇宙空间必定发生弯曲，并为宇宙建立了一个简单的三维有限无界的封闭球面模型。爱因斯坦认为，宇宙不仅是有限无界的，而且也是静态的。虽然他的引力场方程只能得出一个动态解，但爱因斯坦还是人为地加了一个带有普适常量Λ的补充项（即宇宙学项），以维持宇宙的静态。

与此同时，也有许多科学家根据广义相对论，构造了不同的宇宙模型。1922年，苏联物理学家弗里德曼通过计算发现，满足广义相对论、只有引力存在的宇宙模型必定是不稳定的，或者膨胀或者收缩，而且膨胀和收缩的速度与距离成正比。以弗里德曼模型为代表的相对论宇宙学一开始并不为人重视，因为它主要是一些数学推导，看不到物理内容。到了1929年，情况发生了重要的变化。哈勃根据斯里弗以及自己对银河外星系的观测，公布了著名的哈勃定律：星系的红移量与他们离地球的距离成正比。人们惊喜地发现，它所展示的宇宙系统性的大尺度膨胀现象，正是弗里德曼模型所预言的现象。科学界一下子被震动了！作为相对论鼻祖的爱因斯坦也为这一发现而欢呼，认为自己在宇宙模型中"人为地引进宇宙常数，以维持宇宙的静态"是犯了一个"大错误"。

1921年爱因斯坦在讲授广义相对论⑩

1919 年
人工核反应首次实现

1911年，卢瑟福提出了原子的有核模型（即太阳系模型）。既然原子有核，那么原子核是由什么构成的呢？当时的物理学家提出了许多大胆的设想，但这些猜想还需用实验加以验证。

卢瑟福ⓦ

科学家们利用当时仅有的α粒子束作为炮弹，不断轰击各种原子核，卢瑟福就是其中之一。他发现相比重元素核，轻元素核与α粒子间的静电斥力小得多，所以α粒子有可能在离核较近的距离内发生偏转，甚至克服静电斥力进入核中，与核内部发生作用。可是，α粒子打中原子核的几率非常小，每30万个α粒子中只有一个能侥幸击中原子核，所以需要大量的不懈努力，才能观察到实验现象。

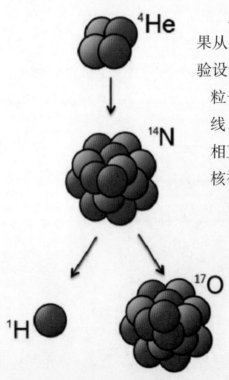

卢瑟福在实验中选择用α粒子去轰击氮气，结果从荧光屏上发现了明亮的闪光。依靠精巧的实验设计，卢瑟福断定这种闪光绝对不可能来源于α粒子源、或α粒子激发原子后放射出的特征X射线，其唯一的可能来源，只能是α粒子直接和氮核相互作用产生了某种新粒子。后续研究表明，氮核被α粒子轰击后，生成了一种类似于氢核的新粒子（后来被称作质子），同时还生成了一种氧的同位素氧17。这就是有史以来的第一次人工核反应。从此，人们不但知道在原子核中存在着同氢核一样的粒子——质子，而且还了解到核反应能够把一种元素转变成另外一种新元素。传说中的炼金术终于实现了。

α粒子轰击氮核，生成质子和氧17ⓦ

 年
玻尔正式提出对应原理

　　19世纪末,由伽利略和牛顿奠定基础的经典物理学,已经取得了辉煌的成就。然而,经典物理学在试图解释微观世界时,却遇到了前所未有的困难。而20世纪初发展起来的量子力学理论,则成功地描述了微观世界物体的规律。在这个世界中,能量是分立的,不能连续变化,即是量子化的。

　　在同一个物理世界,仅仅因为物体大小的不同,就需要截然不同的两个理论来描述,这显然是荒谬的。因此,20世纪初的物理学家一直在努力寻找一条将两套理论相结合的方法,这就是对应原理。

　　普朗克提出量子论时曾提出"在普朗克常量的极限情况下,量子物理将还原为经典物理"的思想,这可以算是对应原理最早的思想萌芽。

　　1920年,玻尔在文章中正式使用了"对应原理"这个词,指出"在大量子数极限情况下,量子理论所得到的结果应该趋近于经典物理学的结果,反之亦然"。也就是说,经典物理学只是量子物理学在大系统情况下的一个近似。

　　对应原理反映了一个普遍的规律,那就是,任何新的物理学理论在旧理论适用的条件下,必须可以还原成旧理论。否则这个新理论就有根本的缺陷,以至于不可能被承认。所以爱因斯坦盛赞对应原理,称其为"最伟大的发现之一"。

爱因斯坦(左)与玻尔(右)Ⓦ

1924 年

玻色一爱因斯坦分布提出

玻色Ⓦ

在一堂物理课上,印度物理学家玻色向学生展示光电效应与紫外灾难实验结果同当时理论预测不符时,犯了一个"错",却出乎预料地得到与实验相一致的结果。玻色意识到,这也许并不是个错误,自己可能无意之间遇见了真理。

玻色所犯的"错"类似于一个抛硬币问题:把两枚硬币同时掷出,那么得到两正面的概率是多少?学过统计学的人都会脱口而出:四分之一。然而,假如我们把两枚硬币一视同仁,把A正B反与B正A反作为同一事件,那么两正的概率则会变成三分之一。玻色正是在不经意间,把大家公认的四分之一概率,误打误撞算成了三分之一,而得到了正确的结果。事实上,这种假设并非无稽之谈,在量子世界中,光子彼此之间就是不可区分的。

玻色以爱因斯坦提出的光量子(简称光子)为对象,用统计学的概念进行了分析。他认为,倘若这N个光子之间根本无法区分彼此,在光量子理论框架下,它们的能量就满足玻尔兹曼统计分布,即相当于光子理想气体。玻色的理论实际上在普朗克的黑体辐射半经验公式和爱因斯坦的光量子假说之间建立了完美的桥梁。令玻色郁闷的是,他把论文投出去之后,审稿人根本对这个"毫无新意"的理论看

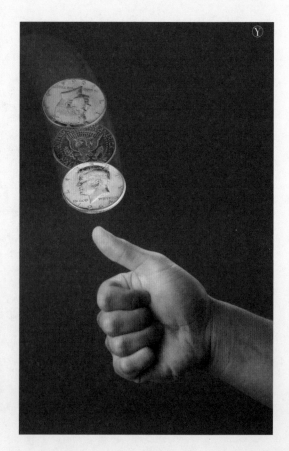

玻色写给爱因斯坦的信⑩

不上眼。眼看论文就要被枪毙,玻色只能怀着惴惴不安的心情给提出光量子假说的爱因斯坦写了一封信,附上了他的论文。那个时候爱因斯坦已经因为相对论等工作名噪一时,百忙之中偶然看到印度寄来的这封信,立刻意识到玻色这个工作的重要性。爱因斯坦把玻色的论文翻译成德语,并写上附注,同时自己依据这个思想另写了一篇关于光子统计的论文,两篇论文一并寄到当时物理学界权威期刊《物理学年鉴》。很快,受爱因斯坦名气的影响,两篇论文一同发表出来。紧接着,1925年,爱因斯坦把玻色对光子的统计方法推广到了原子,他认为原子也是无法区分彼此的全同粒子。爱因斯坦的理论还预言,当原子温度足够低的时候,所有原子能量将降至最低态而"抱团"在一起,这便是后人命名的玻色—爱因斯坦凝聚现象。

　　玻色和爱因斯坦建立的统计理论又称玻色—爱因斯坦统计分布,属于量子力学层面上的统计方法,为科学家研究遵从量子规则的微观系统提供了理论基础。玻色—爱因斯坦凝聚态是继物体固态、气态、液态和等离子态之后的第五态,相关的一系列研究多次获得了诺贝尔物理学奖。

玻色像①

1924 年
德布罗意提出物质波假设

德布罗意①

德布罗意于1892年出生于法国塞内河畔的一家贵族，大学时在巴黎大学选择了历史专业，并于1910年获得了文学学士学位。毕业后的德布罗意踌躇满志，意图在法国历史研究中崭露头角。然而就在那些年，物理学天空乌云骤起，吸引了全世界人的注意。那些时髦的名词——光子、辐射、量子等也同样深深吸引了德布罗意的注意，于是他决定弃文从理，再读三年书拿个理学学士学位。

1914年，第一次世界大战爆发，德布罗意和广大青年一样去服兵役，他在埃菲尔铁塔上玩了六年的无线电。期间还跑到他哥哥的X射线实验室去体验前沿物理，在那里听说了普朗克和爱因斯坦，新物理学的曙光照耀到了这位年轻人身上。

为了深入研究物理，德布罗意拜入物理大师朗之万的门下。博士即将毕业时，德布罗意觉得应该研究些新鲜玩意儿才好体面地毕业。于是，他试着整合粒子和波这两个老话题，提出了"物质波"的新概念——所有的物质都具有波动性，也就是说粒子就是波，波也就是粒子，两者只是物质的不同属性而已。

1923年9月和10月，德布罗意在《法兰西科学院通报》上一口气发表了三篇论文：《辐射——波和量子》、《光学——光量子、衍射和干涉》、《物理学——量子、气体运动理论以及费马原理》。第二年，德布罗意在他的博士毕业论文中系统阐述了物质粒子具有波动性的物理学观点，不仅是光子，连电子、质子、中子等微观粒子其实都具有波动性。导师朗之万虽然对德布罗意的"惊人假说"不敢苟同，但还是把论文寄给了鼎鼎大名的爱因斯坦，请他评阅。爱因斯坦热情洋溢地回复了朗之万的信，并大大赞赏了德布罗意的新潮思想，于是德布罗意顺利获得了博士学位，并在1929年获得诺贝尔物理学奖。

1925 年
海森伯创立矩阵力学

随着普朗克的量子论、爱因斯坦的光量子假说、玻尔的原子论、德布罗意的物质波理论等一系列崭新的物理学概念提出，量子力学的发展进入了关键时期。

海森伯从玻尔原子论出发创立了矩阵力学，薛定谔从德布罗意物质波出发建立了波动力学，而狄拉克则进一步得到了相对论框架下的量子力学方程，此外玻尔、玻恩、约尔旦、泡利等人也从多个方面为量子大厦贡献了重要力量。

1901 年，德国科学家普朗克提出量子论，海森伯就

海森伯Ⓦ

在这年出生在德国的巴伐利亚州。四年后，另一名德国科学家爱因斯坦创造了"物理奇迹年"，奠定了量子论和相对论的基础。生于书香世家的海森伯就在轰轰烈烈的德国科学革命和第一次世界大战的炮火中茁壮成长，从小就对科学有浓厚的兴趣，中学时代便自学了许多大学课程甚至是相对论。1920 年，海森伯进入慕尼黑大学学习，之后师从著名物理学家索末菲攻读博士学位，他的两位师兄——泡利和德拜也先后成为著名物理学家。泡利劝这位师弟说，别去搞相对论了，因为爱因斯坦一个人已经占了大半壁江山，再没多少事可做了，不如研究量子论

海森伯（中）与玻恩（右）在交谈中①

电子云模型图Ⓨ

吧。导师索末菲也明白海森伯对他给的与湍流相关的博士研究课题不感兴趣,于是推荐海森伯去格丁根大学的玻恩手下交流访问,在那里,海森伯认识了来访的玻尔,对量子论有了更深的认识。博士毕业后,海森伯就直奔格丁根,从此踏上了量子之路。

海森伯首先苦苦思考的问题就是玻尔原子模型中的重要缺陷——找不到合适的方程来描述不同电子轨道之间的跃迁。1925年,海森伯因花粉过敏到北海的小岛上度假休养,终于顿悟到玻尔模型的症结所在——像行星那样的电子轨道本身就是多余的!他认为,在某一个给定的时间点,一个电子所处的位置是无法确定的,也无法跟踪它的轨迹,因此不存在真正的电子轨道。此外,诸如位置、速度等经典力学中的物理量在微观世界中也无法用通常的数字来表述,但可以用抽象的数学结构来表达。海森伯把论文给导师玻恩看,具有深厚数学素养的玻恩立刻就意识到海森伯所描述的数学结构就是矩阵。海森伯用矩阵形式描述他的新理论,撰写了第一篇论文,很快论文被推荐发表了,当时海森伯年仅23岁,他也因为提出这一理论及其应用,获得了1932年的诺贝尔物理学奖。此后,海森伯又提出了著名的不确定性原理,在一个量子力学系统中,一个运动粒子的位置和它的动量不可被同时确定,这种不确定性对于人类日常所见的宏观物体而言是非常微小的,可以忽略不计,但是在原子研究中不能被忽略。

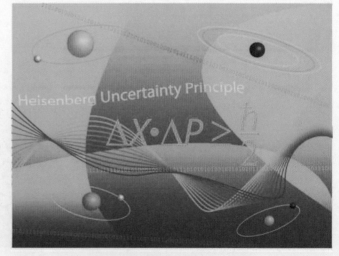

著名的不确定性原理方程Ⓨ

1925 年
贝尔德研制出电视系统

　　打开电视，你可以获取全世界各地新闻资讯，可以欣赏紧张激烈的球赛，也可以放松享受各式各样的娱乐节目等。可以说，电视为人们的生活带来了革命性的变化，这种综合画面和声音的"小画匣"已经悄然成为人们生活的一部分。究竟是哪位发明家发明了电视？不是家喻户晓的爱迪生，不是天才横溢的特斯拉，电视机之父是英国科学家贝尔德。

贝尔德在此研制出第一台电视机①

　　贝尔德大学毕业之后在电器公司工作过一段时间，后因身体原因辞职。1923 年，马可尼实现了远距离的无线电通讯。年轻的贝尔德闻讯后开始思考，既然文字信息可以用无线电波实现远距离传输，那么图像也有希望用电来传输。贝尔德最早尝试采用图片和硒板来传输静止的图像，他更希望进一步传输动态图像，也就是视频画面，这需要更为复杂的机器。为了实现这一目标，这位在自家屋内搞发明的科学怪人花光了自己的积蓄，甚至负债累累。最后，为了完成实验，他用破茶叶箱、脸盆和许多从废品中拆出来的旧收音器材、霓虹灯管、扫描盘、电热棒等组装了第一台可以传输动态图像的机

1925 年，贝尔德和他的电视系统Ⓦ

贝尔德公司生产的电视机①

1928年,人们关于未来电视机的设想ⓦ

器,后人称之为机械式扫描电视。

1925年10月2日的清晨,贝尔德成功把他的玩偶"比尔"的脸部图像从一个房间传输到另一个房间,这张显得模糊不清的玩偶脸成为史上第一张电视画面。差不多在同一年,两名苏联人也发明了类似传输画面的机器,但那是传输模式不同的电子电视,有别于贝尔德发明的机械电视。美国科学家詹金斯也在华盛顿进行了电视传送和接收实验,距发射器约8千米外的接收器在25厘米×20厘米的屏幕上出现了缓慢旋转的风车模型轮廓。

贝尔德研制出电视之后,还积极向大众推广。1928年,贝尔德研制出了彩色电视机,并成功把图像信号传到了大西洋彼岸,可谓卫星电视的雏形。1934年8月25日,费城的弗拉克林实验室实现了全电子的电视接收和传输设备,贝尔德的电视系统逐渐被淘汰。从此电视进入了快速"进化"的阶段,从黑白电视到彩色电视,再到3D电视,从CRT显像管电视到等离子体电视,再到液晶电视,电视更新换代越来越快,传输的内容也越来越丰富,数据量和分辨率大大提高。即使在未来世界,电视也还将是获得多媒体信息的重要渠道。

贝尔德像①

1925 年
泡利不相容原理及费米—狄拉克分布提出

在创立和发展量子力学的队伍中，奥地利—美国科学家泡利是最具有个性的一位，他以天才般的科研能力和魔鬼般的尖酸刻薄著称。

青年泡利Ⓦ

1918年，18岁的泡利带着父亲给的推荐信到德国慕尼黑大学找到物理大师索末菲，要跳过本科生阶段直接做他的研究生，索末菲看着眼前这位中学毕业生一脸困惑。不久之后，泡利的超牛表现让他喜出望外，这的确是个难得的天才物理学家。18岁，泡利发表的第一篇学术论文就直指广义相对论专家外尔的理论错误；21岁，泡利为《数学科学百科全书》所写的关于相对论的词条深受爱因斯坦的赞赏；25岁，泡利成为汉堡大学的讲师，做出了他一生中最重要的物理学贡献之一——泡利不相容原理。

泡利不相容原理的提出要早于海森伯和薛定谔等人创立的量子力学，其内容很简单：在原子中不能容纳运动状态完全相同的电子。根据泡利不相容原理，人们很容易推算出原子核外电子的排布，系统解释了元素周期表。意大利—美国科学家费米指出，电子在固体材料中也遵循泡利不相容原理，最高能量的电子占据数目决定了材料的导电特性，从微观上解释了导体、半导体和绝缘体的区别。1945年，泡利因不相容原理获诺贝尔物理学奖。

泡利的教父是著名的理论物理学家马赫，爱因斯坦的很多思想都是受到马赫的启发，但马赫本人却对爱因斯坦不屑一顾。泡利也继承了马赫的批判主义思想，无论对谁都不客气。他曾当着爱因斯坦面说

慕尼黑大学图书馆Ⓞ

泡利与好友吴健雄 Ⓦ

"我觉得爱因斯坦并不完全是愚蠢的",也曾无数次批评学生论文"连错误都算不上",还在杨振宁做学术报告时一度让杨难堪。有人开玩笑说,泡利在58岁死后去见上帝,面对上帝的世界规划设计也会不屑一顾道:"你本来可以做得更好些……"

1926年,在泡利提出不相容原理后,费米和狄拉克各自独立提出了电子遵从的量子统计原理,被称为费米—狄拉克统计。物理学家把遵循玻色—爱因斯坦统计的粒子叫做玻色子,把遵循费米—狄拉克统计的粒子叫做费米子。组成原子的基本粒子——质子、中子和电子都属于费米子,但是某些原子整体却属于玻色子。玻色—爱因斯坦统计和费米—狄拉克统计是量子力学中两个基本统计规律,正是有了这两个理论,才可以描述大量粒子组成材料的整体特性,为量子力学在材料科学中的应用提供了基础。

费米出生在意大利,是物理学史上少有的奇才之一,在理论和实验方面均做出重要贡献。1926年,24岁的费米成为罗马大学理论物理学教授。1938年,费米获得诺贝尔物理学奖,他借着去瑞典领奖的机会,带领全家逃离墨索里尼政府的恐怖统治并定居美国。英国的狄拉克也是青年物理才俊,费米—狄拉克统计不过是他理论物理研究工作的一个小侧面。狄拉克作为量子力学创始人之一,建立了相对论框架下的狄拉克方程,并预言了反粒子和磁单极子的存在。前者已被实验证实,后者至今还是实验物理学家积极寻找的对象。

费米领取诺贝尔奖 Ⓦ

1926年

薛定谔创立波动力学

自从德布罗意提出物质波假说之后，关于粒子的波动性这一新奇的说法开始吸引人们的目光。当时欧洲物理学界有一个良好的传统，每个博士生毕业后的博士论文都要寄送给导师的好友或者同行传阅，作为学术交流的一种方式。德布罗意的导师朗之万是当时欧洲物理学界的著名学者，他寄送了一份德布罗意的毕业论文给好朋友德拜。

薛定谔像①

德拜无暇对堆积如山的博士论文一一阅读，一般都是把论文分发给其他同事，然后大家把各自的阅读收获在小组会上进行讨论。德布罗意的论文被分发给了一位讲师，这位讲师很快就读完了德布罗意的论文，并在小组会上分享了"波即粒子，粒子即波"这一新奇的理论。在德拜看来，这个设想虽然有点天真，但还是有些新颖的东西。假如物质具有波动性，那么必然有一个适合它的波动方程，就像水波一样可以用数学语言进行描述。于是，德拜建议这名讲师找出一个波动方程来，以描述物质粒子的波动性。德拜起初并没有抱太大希望，但是几周后等这名讲师度假回来，他潇洒地把方程交给了德拜。后来这个方程演变为量子力学最基本的方程，成为了波动力学的根基，这名讲师，也就是后人熟知的鼎鼎大名的薛定谔，这个方程也被命名为薛定谔方程。

在量子力学趋于成熟之后，英国的狄拉克正式建立了相对论框架下的薛定谔方程，预言了更多新奇的物理现象。薛定谔方程的成功还要归因于其形式上是微分方程，相比海森伯的矩阵来说，要容易懂也更好地被物理学界接受。海森伯在知道薛定谔的工作之后确实感到了巨大压力，但是薛定谔在和海森伯讨论之后很快就证明了他的波动力学和海森伯的矩阵力学实际上是完全等价的。至此，波动力学和矩阵力学合为一体，改称量子力学。1933年，薛定谔和狄拉克三

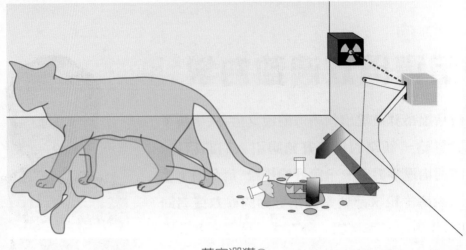

薛定谔猫①

人因发现量子理论的新的有效形式而荣获诺贝尔物理学奖。

1935年,薛定谔提出了著名的"猫悖论"思想实验:在一个盒子里有一只猫及一只被放射性元素控制的药瓶。当放射性元素发生衰变时,药瓶被打破,猫将被毒死。按照常识,猫要么死了要么还活着。但是在量子力学的框架下,存在一个中间态,猫既不死也不活,直到有人打开箱子,破坏了这种"不死不活"的状态,猫才有确定的死或活的状态。这个悖论描述的是量子力学的一个本质:除非进行观测,否则一切都不是确定的。薛定谔猫本身是个假设的概念,但随着技术的发展,人们在光子、原子、分子中实现了薛定谔猫态,这种状态在量子力学中有一个专用术语——叠加态。

薛定谔一举成名之后,反而逐渐远离了物理学,而是更多地思考哲学层面上的自然本质问题。薛定谔于1944年出版了名著《生命是什么》,试图从物理学和化学的角度来看待生命的产生和进化,这本书引导了一大批年轻学者开始用物理学和化学方法来研究生命,形成了分子生物学等生命科学分支。

薛定谔夫妇之墓,上面刻有薛定谔方程①

1926 年
玻恩提出波函数的统计解释

　　海森伯的矩阵力学和薛定谔的波动力学的建立到最终被人们接受，并不是一帆风顺的。尽管薛定谔方程可以描述德布罗意提出的粒子的波动性，但是在当时人们看来方程里面有一个硬伤。

玻恩Ⓦ

　　为了引入时间这个物理量，薛定谔采用了一个复数形式的函数，简称波函数，波函数是整个方程的灵魂，它描述了粒子随位置、动量、时间等物理量而改变的状态。然而，对于已经习惯牛顿力学体系里面都是实函数的物理学家来说，实在有点难以接受这种含有"虚数"的函数，它究竟会有什么物理意义？

　　海森伯的导师——玻恩从高屋建瓴的角度提出了波函数的物理意义：粒子的波函数的强度表示该粒子在某个空间位置出现的概率。虽然波函数本身是个复函数，但是波函数的模平方就是个实函数，这么一来，用实函数描述粒子出现的概率就顺理成章了。经过玻恩对波函数的概率解释，人们终于认识到德布罗意提出的物质波本质上是一种概率波，即波函数可以描述粒子在空间出现的概率。玻恩的解释令许多人觉得有点牵强附会，甚至一些权威人士也无法接受粒子的运动居然是用概率来描述，爱因斯坦就曾信誓旦旦表态："我不相信上帝喜欢掷骰子。"为此，爱因斯坦和玻尔领导的量子力学群体科学家展开了长期的辩论，辩论的结果是谁也没有说服谁，但是后来实验的证据证明量子力学还是正确的。玻恩直到1954年才被授予诺贝尔物理学奖。

位于玻恩出生地弗罗茨瓦夫的玻恩纪念牌匾Ⓞ

1927 年

海森伯提出不确定性原理

在量子力学创始人群中,海森伯无疑是最具争议的一位,争议不只是他创造的新物理学非常难懂,还在于第二次世界大战中德国和盟国之间不可逾越的鸿沟。

在他那些难懂的物理学中,最出名的就是1927年提出的不确定性原理:一个粒子的位置和动量不可能同时完全确定,其中一个物理量越趋于确定,另一个物理量的不确定性将越大,两者不确定度的乘积大于或等于普朗克常量。这和波函数的概率统计诠释有着异曲同工之妙,是理解量子力学的另一个关键点。用通俗的话来说就是:你若知道我在干什么,那么此刻我可能在这里,也可能在那里;你若知道我在哪里,那么此刻我可能在做这事,也可能在做那事。这颇有哲学的意味,但量子力学不是哲学,是实实在在的科学,不过它描述的是微观物理世界,这正是我们用宏观的习惯思维很难理解的原因之一。

海森伯⑩

回过来再说海森伯受到的质疑和争议。海森伯所处的时代是一个动荡的年代,他的祖国德国是第二次世界大战的元凶之一。战争爆发的时候,海森伯的偶像——爱因斯坦,他的师兄——泡利,他的导师——玻恩,还有其他朋友和同事都选择了逃离,去大洋彼岸的美国或者隔岸相望的英国等地寻求科研的净土。德国的物理学界只剩下年事已高的德国科学院领导——普朗克和年轻的海森伯等寥寥数人。年轻的海森伯内心十分复杂和难受,他舍不得离开他所热爱的祖国,也舍不得当时如日中天的德国

印有不确定性原理的海森伯纪念邮票⑩

物理学就此颓废,为此,他选择了坚守。第二次世界大战期间,人类开始研制可怕的新武器,包括导弹和原子弹,而海森伯正是德国研制原子弹的领导者之一。与此同时,美国的奥本海默和费米等人也在紧锣密鼓地研制原子弹。期间海森伯以学术交流的名义去丹麦哥本哈根探访了老师玻尔,然而玻尔很清楚海森伯醉翁之意不在酒,意图讨论原子弹的关键学术问题,两人争吵了整整一夜。之后不久,玻尔也逃离丹麦去了美国,从此师徒翻脸,落下了一辈子的鸿沟。没有人知道哥本哈根的那个夜晚发生了什么,之后海森伯回到德国继续从事原子弹的研究,然而为时已晚,美国往日本扔了两颗原子弹之后,第二次世界大战就这么结束了,德国的原子弹胎死腹中。据说当时德国已经研制成功导弹,如果原子弹也成功,两者一结合,那将是多么可怕的世界末日。于是人们纷纷猜测,海森伯因和恩师玻尔的讨论而激起科学的良知,故意拖延了原子弹的研制工作,间接把德国拖向了战败的泥潭。海森伯就像他的不确定性原理一样,身在德国,心系世界无数无辜百姓。海森伯究竟做了什么,是否因此拯救了全人类,后人无法知晓,这也是科学史上最大的谜团之一。这段历史故事还被编成了话剧《哥本哈根》,广为流传。

海森伯的后半生几乎都贡献给了科学事业,他写了多本物理学和哲学专著《原子核科学的哲学问题》、《物理学与哲学》、《自然规律与物质结构》、《部分与全部》、《原子物理学的发展和社会》等,为后人照耀了前进方向。1946年,海森伯重新组建格丁根大学物理研究所,后来发展为马克斯·普朗克研究所,相当于德国科学院,至今仍是世界上著名的科学研究机构之一。

海森伯与玻尔讨论问题⑩

1927年
戴维孙一革末实验完成

在德布罗意的物质波假说逐渐成为系统的量子力学的过程中，除理论物理学家推波助澜之外，实验物理学家也按捺不住寂寞，开始探索如何验证微观粒子波动性这一难题。

光子的波动性早就被托马斯·杨的双缝干涉实验证实，这是物理学界当时都认可的，但光子是静止质量为零的粒子，和有质量的微观粒子还是有所区别。要找到典型的微观粒子，人们很自然就想到了电子。当时英国的约瑟夫·汤姆孙已经通过质谱分析认定了带

乔治·汤姆孙Ⓦ

电的基本粒子——电子的存在。如何证明电子具有波动性？约瑟夫·汤姆孙的儿子乔治·汤姆孙继承父业，联想到了光的干涉和衍射实验。光之所以可以实现衍射就是因为所通过的狭缝和它的波长相当，X射线的晶体衍射也是同样的道理。通过德布罗意的公式算一下就知道，高能电子的波长其实和低能X射线差不多，换句话说，晶体材料的原子间隙大概和电子的波长相当，因此，晶体里面规则排列的原子也同样可以作为电子的光栅。为此，乔治·汤姆孙开展了高能电子对金箔的衍射实验，他兴奋地发现了具有一定规律的同心圆环衍射纹样，通过分析得到的电子波长和德布罗意公式预言的一样，即证明

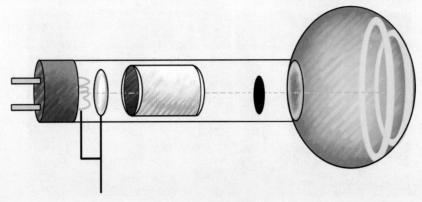

电子衍射实验Ⓢ

了电子的波动性。汤姆孙父子一个发现电子的粒子性，一个发现电子的波动性，有趣地在一个家庭里体现了波粒二象性。

与此同时，美国贝尔实验室的戴维孙和革末也开展了电子衍射实验，即戴维孙—革末实验，不同的是，他们采用了镍片作为衍射物质。郁闷的是，他们多次实验都得不到任何衍射图样，反而一次实验事故让他们因祸得福。当时实验仪器的真空泄漏，导致镍片表面被氧化，为了解决这一事故，他们对镍片进行了加热

手拿电子衍射实验仪器的革末(左)与戴维孙(右)Ⓦ

处理将氧化镍还原，结果意外得到了很薄的一层镍单晶，随即柳暗花明又一村看到了清晰的电子衍射花纹。在得到电子衍射的实验结果时，他们尚不知德布罗意的理论工作，直到一次学术交流会议才听说物质波假说。很快他们就回去重复了实验结果，并于1927年将论文发表。1937年，乔治·汤姆孙和戴维孙一起因通过实验验证微观粒子波动性而荣获诺贝尔物理学奖。

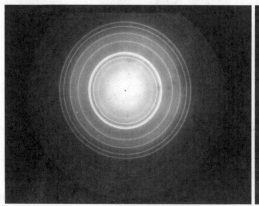

电子衍射花纹Ⓒ

1928 年

狄拉克方程提出

狄拉克Ⓦ

1920 年代是量子力学的时代,海森伯和薛定谔等人相继建立了矩阵力学和波动力学,最后证明两者互相等价,并被统一为量子力学。

1925 年,海森伯造访剑桥大学并发表有关量子力学的演讲,听众中一位23岁的年轻学生被深深地吸引。这位年轻人就是在圣约翰学院求学的狄拉克,他不仅天赋异禀,而且在学术上也喜欢赶时髦。他的专业为相对论力学,而当时最为流行的物理学就是把所有已知的物理学方程加上相对论修正项,因此他灵机闪现:为何不把量子力学的基本方程——薛定谔方程也相对论化? 1928 年,狄拉克向英国皇家学会报告了他的最新成就——相对论性波动方程,即量子力学在相对论框架下的波动方程,这个方程也被称为狄拉克方程。

狄拉克方程可以描述电子在近光速情况下的运动,是对薛定谔方程的扩展和升华。既然有方程,那必然要寻找方程的解,其中最为简单的就是自由电子解。不解不知道,一解吓一跳,狄拉克发现这个方程在给出通常自由电子运动行为描述的同时,还会给出另一个"完全不合理"的解——电子处于负能量。他把这个方程的两种解简称为正能态和负能态,这意味着处于正能态的电子为了稳定存在会不断跌入负能态,以

位于剑桥大学圣约翰学院的叹息桥,狄拉克曾在这个学院担任卢卡斯数学教授席位37年Ⓞ

至于我们的世界"崩溃",这显然不符合事实。狄拉克不愿意放弃自己的理论,而是不断思考这个问题背后的物理实质。

1930年,狄拉克终于找到一个合理的解释,那就是负能态已经被电子填满了,正能态的电子根本落不进去。但是新的问题又出现了,如果负能态填满了电子,那么,一旦其中某个电子获得能量转变成正能态,就相当于负能态区域形成了一个"空穴"。令人惊讶的是,这个空穴具有和电子一样的质量,但是带有相反的电荷量,即带一个单位的正电荷(电子带一个单位的负电荷),狄拉克把带正电的空穴称为正电子。就这样,年轻的狄拉克理论预言了一类全新的粒子——反粒子。如果我们把电子称为负电子的话,正电子就是电子的反粒子。推而广之,对于质子及其他粒子,也存在反质子等一系列质量相等电荷相反的反粒子。

1929年,海森伯(前排左一)和狄拉克(前排左二)在芝加哥①

宇宙中的反粒子就像正粒子的镜像一样,如果反粒子从镜子中走出来和正粒子相遇,会发生什么?狄拉克认为,正负电子的相遇会导致它们湮没。狄拉克甚至大胆推测,真空并非"一无所有",存在大量的正负电子对的产生和湮没的过程,只是这个过程太快,以至于我们观测不到。幸运的是,在高能宇宙射线中依然存在少量反粒子。1932年,美国科学家安德森研究宇宙射线时,发现了正电子,狄拉克的预言得到了完美的验证。

1933年,狄拉克和薛定谔分别因狄拉克方程和薛定谔方程的发现获得诺贝尔物理学奖。

狄拉克长眠于美国佛罗里达州的塔拉哈西①

1930年
泡利提出中微子假设

泡利（左）与玻尔正在玩陀螺W

能量守恒定律自19世纪中叶确定以来，几乎所有的物理理论都必须遵循。但是在20世纪初开展的放射性研究当中，能量守恒定律遇到了一个小小的挑战。

天然放射性包括α射线、β射线和γ射线，其中β射线主要来自于β衰变。量子力学告诉我们，微观世界的粒子辐射能量应该是不连续的，α和γ射线确实如此，但β射线却往往是能量连续分布的。更令人匪夷所思的是，原子在释放电子前后的能量差是一个确定值，而且要大于β射线的总能量。也就是说，有一部分能量凭空消失了。量子力学的奠基人玻尔无比惋惜地判断，能量守恒定律在β衰变中可能失效，甚至有不少人开始怀疑能量守恒定律在整个微观物理世界是否成立。

但是物理学新锐泡利则认为，能量守恒定律能够继续在微观世界发挥重要作用。1930年，他假设β衰变过程中同时释放了一种静质量为零、不带电的中性粒子，正是这种粒子"偷走"了放射性原子的能量。这个"粒子小偷"起初被泡利命名为中子，当真正的中子（静质量约等于质子的不带电中性粒子）在1932年被发现后，费米就将其重新命名为中微子，并于1933年正式提出β衰变的理论。费米认为，自然界中除了引力、电磁相互作用外，在原子核尺度上还存在一种弱相互作用，正是因为电子和中微子之间存在这种相互作用才导致连续的β射线能谱。后来人们逐渐发现，除了电子外，还存在μ子、τ子等统称为轻子（质量较轻）的基本粒子，它们均有各自对应的中微子，其中电子型中微子正是泡利所预言的"粒子小偷"。

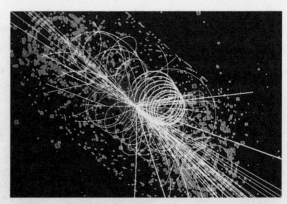

粒子对撞后中微子的轨迹G

1932年
尤里发现氢的同位素氘

元素周期表是根据元素的相对质量排列的,不同相对质量的元素意味着物理和化学性质不同。1910年,英国化学家索迪指出,可能存在一些相对质量接近但不完全相同,且物理化学性质又相同的元素,这些元素在元素周期表中可以处在同一个位置,称之为同位素。

尤里Ⓦ

第一个发现存在同位素的元素是氖,由英国物理学家约瑟夫·汤姆孙在1912年发现。后来,英国物理学家阿斯顿利用能够探测同位素的质谱仪在71种元素之中找到了202种同位素。但是,最轻的元素——氢是否有同位素呢?

1931年,在得知氢同位素存在的预言之后,美国物理化学家尤里利用朋友赠送的液氢开始了寻找氢同位素之旅。他的想法很简单,如果氢同位素存在,它的原子核将含有一个以上中子,要比不含中子的氢元素重一些,那么只要非常缓慢地蒸发液态氢,剩下的就是比氢略重的液态氢同位素。1932年,尤里采用新的光谱分析方法分析了蒸发剩下的几立方毫米的液态氢,发现了几种不同于氢的光谱线,正好和理论预言的氢同位素相符,证明了质量数为2的氢的同位素氘的存在。后来,科学家又发现质量数为3的氢同位素氚。1934年,尤里因为发现氢同位素获得了诺贝尔化学奖。

同位素的发现对物理学、化学、医学等领域产生了极其重要的影响。制造原子弹原料主要就是铀和钚的同位素,氢弹则利用了氢同位素核聚变原理。采用同位素对分子的一部分原子进行替换,相当于给分子贴上标签,可以追踪其基本的物理学、化学和生物性质,是现代科技的重要研究手段之一。

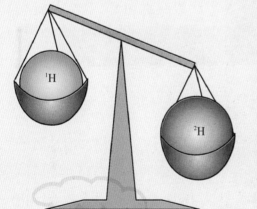

氢的同位素氕和氘Ⓢ

1932年
劳伦斯建成回旋加速器

　　1911年，卢瑟福利用α粒子作为"炮弹"轰击原子，但这个"炮弹"太重且能量不高，卢瑟福只发现了原子内部是一个有核结构，而无法看到原子核内部的结构。要窥探原子核，必须采用能量更高且质量合适的粒子。1928年，伽莫夫指出，高能质子就可以把原子核打得四分五裂，诱发核反应。但是，天然放射源是不存在质子束流的，要获得高能质子，必须采用加速器。

　　质子是带正电的粒子，将其加速的最简单办法就是施加一个外电场驱动粒子运动，也就说让质子流通过电子管即可。1929年，美国物理学家劳伦斯读到一篇论文，里面讲述了如何采用两个同步电子管给钾离子加速，他由此联想到类似地可以采用多级直线连接的同步电子管给质子加速。他粗略计算了一下发现，要将质子加速到足以轰裂原子核的能量，就需要一个非常非常长的直线加速通道，造价昂贵且技术要求非常高。劳伦斯思考良久，联想到他研究生时代进行的电磁学实验，他灵机一动，何不把磁场也引入加速器？由于带电粒子在磁场中呈回旋运动的方式，那么只要将电子管构造成一个圆形的加速通道，利用磁场约束质子在其中不断回旋运动，就等价于长长的加速通道。用一个小小的圆环代替一条巨长的直线，劳伦斯的绝妙思想催生了第一台粒子回旋加速器。1932年，劳伦斯和他的学生埃德尔森和利文斯顿建成了第一台回旋加速器，这台加速器直径只有27厘米，双手可以捧起，但其加速质子能量却可达1兆电子伏。

　　外行人看热闹，人们问劳伦斯这个回旋加速装置有何用途时，他兴奋地回答："我要用它来轰碎原子！"内行人看门道，物理学界很快

劳伦斯（右）和利文斯顿在回旋加速器旁ⓦ

认识到这个小小回旋加速器的巨大潜力，探索原子核内部结构仅仅是其中的一个小功能。在劳伦斯的推动下，美国在20世纪建立了一系列加速器，加速粒子能量不断提升，远远超过了天然放射源的能量。劳伦斯发明的回旋加速器开启了高能粒子物理学的新时代，

劳伦斯于1939年主持建造的直径1.5米的回旋加速器ⓦ

一系列新粒子和同位素在高能粒子撞击下产生并被发现，劳伦斯本人也因此获得了1939年诺贝尔物理学奖。为纪念劳伦斯的贡献，加州大学伯克利分校将他们的同步辐射光源实验室命名为劳伦斯伯克利国家实验室。

如今，加速器已经成为前沿物理学研究的重要工具。比如，法国和瑞士的交界处的欧洲核子研究中心通过加速器加速电子或质子，然后让它们对撞，以发现新粒子。另外，利用加速器加速重离子，可以作为质谱仪高效分离同位素。

欧洲核子研究中心，大圆圈周长27千米，地下深埋着大型加速器，能将粒子加速到99.999 8%光速，每秒钟能转11 000周ⓞ

1932 年

安德森发现正电子

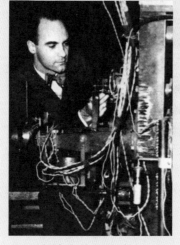

实验中的安德森Ⓦ

当 1930 年狄拉克从他的新波动方程里导出负能态、正电子等一系列新奇物理学概念的时候，人们并不是特别在意，毕竟，理论上有无数种可能，实验验证才是正道。事实就是如此巧合，两年后，一个新粒子在宇宙射线中被发现，发现者是美国物理学家安德森。

1930 年，刚博士毕业的安德森在研究生导师、著名物理学家密立根的指导下从事宇宙射线的研究。为了避免大气层干扰，安德森曾多次乘上高空气球进行观测，他的神兵利器是一个带有强磁铁的威尔逊云室。云室可以记录带电粒子的运动轨迹，而磁场可让粒子发生偏转或者回旋运动，因此可以推断出粒子的质量、能量、电荷等物理性质。安德森始终坚信宇宙射线中存在许多未知粒子，他前后拍摄了 1000 多张宇宙射线的照片，仔细测量分析了照片中的每一条运动轨迹。1932 年 8 月，安德森最终发现一条令人困惑的轨迹，按照轨迹形状和曲率大致推断出粒子质量和电荷大小与电子大致相当，但是它的偏转方向却与电子相反。安德森大胆推断，这是一个带正电荷的电子！

安德森并没有意识到他的发现有多么重要，相关研究结果发表在科普杂志一个不显眼的小版面上。幸运的是，他的发现并没有被埋没，物理学家很快就认识到安德森发现的正是狄拉克预言的电子的反粒子——正电子。这一发现证明狄拉克方程是正确的，也同时开启了反物质研究领域的大门。1936 年，安德森因发现正电子获得诺贝尔物理学奖，时年才31 岁。

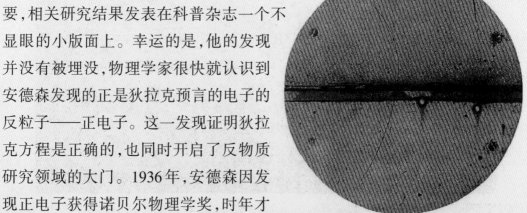

安德森发现正电子的宇宙射线照片Ⓦ

1933 年
电子显微镜问世

人类肉眼所能看清的物体尺寸是有限的，一般认为肉眼的分辨率为 0.1 毫米，也即一根头发丝大小。为了看清尺度更小的微观世界，人们必须借助其他"眼睛工具"。

1665 年，列文虎克用自制的显微镜拉开了显微镜科学应用的帷幕。到 20 世纪，光学显微镜能够观测万分之一毫米大小的物体，再也难以提高了。这主要因为光学显微镜用来度量物体的"尺子"是可见光，其电磁波长正是万分之一毫米左右。要想观察到更小尺度的物体，必须寻找波长更短更精密的"尺子"。

随着量子力学的发展，人们开始考虑将原子作为一把合适的尺子，探讨制造类似结构的显微

第一台电子显微镜①

镜的可能。如果用电子代替光子制作电子显微镜，其中关键技术就是要找到类似光学玻璃透镜的设备——采用磁透镜和静电透镜来聚焦电子束。1928—1929年，德国物理学家鲁斯卡成功发明了这种电磁透镜，并得到了相关成像公式。1931 年，鲁斯卡和工程师克内尔成功组合两个磁透镜把铂金网格放大了 17 倍。这就是世人公认的第一台电子显微镜的雏形，被称为超显微镜。1933 年，鲁斯卡和克内尔成功研制出第一台实用电子显微镜，放大倍数已经超过了当时的光学显微镜。

电子显微镜的发明使得人类视野拓展到了微观世界，人们对生物的微观结构、材料的局域性质、纳米颗粒的形状等研究极大地丰富了对自然界的认识。鲁斯卡因为发明电子显微镜获得了 1986 年诺贝尔物理学奖。

纪念鲁斯卡的铭牌①

1933年

埃伦费斯特提出二级相变概念

水的三态：液态（海水）、固态（冰山）、气态（空中的水蒸气）Ⓨ

对于一群水分子而言，只要一直保持分子形式不变，无论它们间距如何，从化学视角来看都是相同的物质——一个氧原子和两个氢原子。

但是从物理学的视角来看，水分子的间距不同意味着它们之间相互作用不同，也就形成了水不同的存在形态：冰（固态水）、液态水和水蒸气（气态水）。物理学中将这些同种物质不同形态之间的转化叫做相变。常见与温度相关的相变有凝固、熔化、液化、汽化、升华、凝华等。例如，液态水蒸发或汽化成水蒸气，水分子之间距离增大了许多倍，相互作用大大减小，导致体积突然增加。

引发水相变的因素有温度、压强，如果以两者为参数描绘出水各种相的状态，就构成了一张相图。在这张相图中，一个大气压下冰的熔点为0℃，水的沸点为100℃，随着压强的变化，熔点和沸点也会变化，其中有一个三相点是固液气三相可以共存的。相、相变和相图在物理学中非常重要，不仅能描述分子群体，也可以描述原子或电子体系。比如，降温到4.2K，氦气会被液化成液氦，继续降温到2K左右就会变成超流氦，即液氦完全没有黏性，可以自行顺着容器壁爬出来。同样，对于铁磁性材料（如四氧化三铁）而言，随着

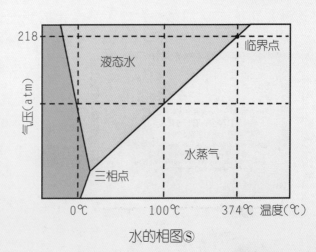

水的相图Ⓢ

温度的升高,整体磁性很强的铁磁态会转变为磁性很弱的顺磁态。既然存在形形色色的各种相变,那么相变是否可以分类呢?

奥地利—荷兰物理学家埃伦费斯特在1933年找到了把相变分类的一种办法。熔化、汽化、升华等相变前后许多物理量都发生了突变,如体积、焓、熵等,而这些物理量存在一个共同特点,它们都与化学势的一阶导数直接相关,而且相变过程存在潜热,也即发生了放热或吸热过程。埃伦费斯特把这种化学势的一阶导数不连续的相变称为一级相变,将化学势一阶导数连续变化但二级导数不连续的相变称为二级相变,以此类推还有三级相变等。超流、超导、退磁等都属于二级相变,在这些相变过程中体积不变且无潜热,换言之就是化学势和化学势一阶导数都是连续变化的,而与化学势二阶导数相关的比热容却发生了突变。尽管目前为止还没有找到三级相变的实例,相变分类的思想仍然是热力学研究的一项巨大的飞跃,这意味着可以单纯从相变及其参量来研究物理现象,从而寻找到各种现象之间的普适性规律。

埃伦费斯特还提出了一个以他名字命名的著名的量子力学定理和绝热不变量等重要的物理学概念。令人痛惜的是,就在提出二级相变概念的那年9月,埃伦费斯特对自己患有唐氏综合征的小儿子实施安乐死后自杀,那一年距离他的老师玻尔兹曼自杀已有27年。好友爱因斯坦感到非常痛惜,他隐然觉得埃伦费斯特的自杀是因为调和他和玻尔之间在物理学观点上的矛盾无果,最终又选择站在了玻尔一边而感到无比沮丧所致,只是后人再也无从考证。

埃伦费斯特(左)及其儿子与爱因斯坦(右)ⓦ

1934 年
人工放射性发现

1925年,居里夫人(右)和她的长女伊雷娜·约里奥-居里Ⓦ

1896年发现天然放射性后,科学家致力于提取天然放射性物质,法国科学家居里夫妇做出了突破性贡献。由于放射性元素提取的艰辛和对身体的摧残,居里夫人身患恶性白血病于1934年7月3日去世。她的长女和女婿——约里奥-居里夫妇继承了父母的衣钵,同样致力于放射性物理学的研究。

就在居里夫人去世的前几个月,1934年2月,约里奥-居里夫妇在《自然》杂志发表了他们的重要研究成果——人工放射性的发现。1934年1月19日,约里奥-居里夫妇发现,在α粒子轰击铝箔之后,即使把放射源拿走,铝仍然保持有放射性,最终铝衰变成了有放射性的磷。这意味着通过射线轰击,可以把一种元素转变成另一种元素,人工构造出放射性同位素。人工放射性的发现意味着研究放射性物理学不必要费尽苦力去提取天然放射性物质,而完全可以通过核反应制备新的同位素,这为之后的核物理学研究提供了一把金钥匙。约里奥-居里夫妇因人工放射性的发现获得了1935年诺贝尔化学奖,居里一家前后获得了三次诺贝尔奖,真是科学名门!

不幸的是,约里奥-居里夫妇也因长期接触放射性物质,身体受到严重伤害,先后因白血病和肝病而英年早逝。为科学献身的居里一家,值得所有后人尊敬!

约里奥-居里夫妇在实验室Ⓟ

1935 年

汤川秀树提出核力的介子理论

　　20世纪初,物理学基础研究在欧美地区如火如荼;但在遥远的东方,前沿物理学研究几乎一片空白,民众没有在意当时已经火热的量子论和相对论。此时,日本京都帝国大学的一位讲师汤川秀树雄心勃勃,试图思考量子力学里最前沿的物理学问题,其中最令他感兴趣的问题就是:原子核内部结构是怎样的?

1949年的汤川秀树ⓦ

　　当时的人们已经知道,原子内部由原子核和核外电子组成,原子核由中子和质子构成。量子论解释了带正电的原子核如何与带负电的核外电子相互作用以及原子稳定存在的奥秘,但原子核内质子和中子是如何相互作用的? 为什么原子核有时能够稳定存在,有时又会衰变放射出粒子? 这一系列问题困扰着当时的物理学家。

　　在量子力学框架下,物理学家喜欢把粒子之间的相互作用力简化为交换某种具有能量的量子。例如,电磁相互作用存在于电子和质子等带电粒子之间,其实就是带电粒子交换光子获得或失去能量的过程。人们由此想到,原子核内部质子和中子之间也可能存在一种中间媒介粒子。1935 年,汤川秀树提出了介子论,他把传递原子核内部相互作用的粒子叫做介子,由于原子核直径要比原子直径小得多,因此介子仅在极小的空间范围内存

汤川秀树(中)曾与爱因斯坦(左)一起在普林斯顿高等研究院工作①

汤川秀树的诺贝尔奖证书①

在。介子传递的核力强度要远远比电磁力强，称为强相互作用。至此，自然界中四大基本相互作用定型：引力相互作用、电磁相互作用、弱相互作用和强相互作用。

汤川秀树预言的介子质量大约是电子的200倍。有趣的是，介子的发现还经历过一起乌龙事件。1936年，美国物理学家安德森在宇宙射线中发现一种电荷与电子等量但质量为电子的207倍的新粒子，当时人们满怀期待这就是传说中的介子，不过实验很快证明它并不参与强相互作用，而是参与弱相互作用，于是改称为μ子，是一种轻子。直到1947年，英国物理学家鲍威尔才发现第一个介子——π介子，它的质量是电子的273倍，为质子和中子之间传递强相互作用。实验验证使得汤川秀树的理论大放异彩，荣获1949年诺贝尔物理学奖，成为日本获得诺贝尔奖第一人。当时第二次世界大战刚刚结束不久，汤川秀树的获奖无疑是日本科学的一针强心剂。

汤川秀树是一名土生土长的日本理论物理学家，从未到欧美留学。他的成功说明，即使在落后的情况下，靠自己的勤奋努力，同样可以攀登科学的巅峰。汤川秀树还积极致力于推动日本的基础科学研究，使得日本在战后成长起一大批著名的理论物理学家，他们当中有不少人都先后荣获诺贝尔奖。汤川秀树一家兄弟五人都是日本著名学者，他的父亲深受中国古典文化的影响，从小便让汤川读四书五经。汤川在他的多次演讲和著作中也提到《庄子》对他物理思想的影响，认为中国古代哲学对基础物理研究具有非常重要的启迪作用。

位于日本京都大学汤川纪念馆前的汤川秀树像①

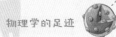

1935 年
实用雷达系统发明

1864年,英国物理学家麦克斯韦预言了电磁波的存在,并于1887年被赫兹的实验所证实。1895年,马可尼成功实现了电磁波远距离传输,这种空中飘荡的无线电波成为新一代信息载体。

1920年代,第一次世界大战刚刚结束,英国物理学家阿普尔顿通过实验测量了地球上空电离层的高度。电离层是反射无线电波的主要媒介,阿普尔顿的实验成功发现了多种电离层并测定了其高度。1930年代初,英国物理学家沃森-瓦特开始利用无线电波测距。

1934年,沃森-瓦特在无线电实验中意外发现了被建筑物反射回来的电波信号。当时,德国的希特勒正准备挑起一场世界大战,英国人担心德国飞机的入侵,因此想寻找能提前发现飞机的方法。实验的意外发现使沃森-瓦特兴奋不已,他从天线阵列发射出一束电磁波,然后测量其反射信号,这样就可以及时探测到飞机并判断其飞行速度和方向。这类似于蝙蝠通过超声波回声定位猎物,是人类历史上著名的仿生科技之一。1935年2月,沃森-瓦特成功示范了第一套侦测飞机的实用雷达系统。同年4月,获得专利。

在第二次世界大战期间,英国海岸线上布满了雷达阵列,有效地预警了德国的空袭。由于战争的需要,雷达技术也不断升级改进,雷达所需要的天线阵列越来越大,探测范围越来越广,探测能力也越来越强。如今,雷达仍然是军事和民用的重要工具。

第二次世界大战期间立于英国海岸的雷达Ⓦ

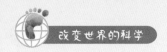
1935 年
EPR 悖论提出

科学的突破性进展往往依赖于科学先驱敢于超越时代提出惊人的假说或理论，但他们当中也有不少人因为提出如此大胆创新的理论概念而惴惴不安，甚至到后来开始怀疑基于此概念建立的新理论体系。

著名的量子力学奠基人普朗克就因为提出量子论而后悔不已，以至于花了半辈子试图改用经典理论来解释黑体辐射问题。爱因斯坦可谓量子力学概念创始人之一，但等到玻尔、海森伯、薛定谔、玻恩等人建立量子力学大厦之后，他反而怀疑量子力学体系是否能够全面描述微观世界，用物理学的语言来说就是量子理论是否完备的。

1935年，爱因斯坦、波多尔斯基和罗森提出一个问题：量子力学不能客观地描述微观物理实在，或者说量子力学体系是不完备的。这个问题以他们的名字命名，称之为 EPR 悖论或 EPR 佯谬。他们认为，在量子力学理论体系中，并不能找到物理实在所有要素，因为量子论描述粒子空间位置和运动状态是以概率形式，即一切都不可确切预知，只能预测其可能发生的概率多大。玻尔面对挑战立刻撰写了论文回应，他指出 EPR 思想实验中的测量仪器和测量对象其实是一个

大师云集的 1927 年索尔维会议，29 名与会的物理学家中有 17 人获得诺贝尔奖。一排（左起）：朗缪尔、普朗克、居里夫人、洛伦兹、爱因斯坦、朗之万；二排（右起）：玻尔、玻恩、德布罗意、康普顿、狄拉克；三排：海森伯（右三）、泡利（右四）、薛定谔（右六）◎

整体,爱因斯坦等人提出的问题判据本身就是错误的,得出的结论自然也就不可靠了。玻尔的模糊回应并没有被爱因斯坦接受,反而激起了他的斗志,两位顶级物理大师多次在学术场合针锋相对不断辩论,吸引了当时整个物理学界的目光。爱因斯坦始终坚信描述客观物理世界应该是决定论,即一切是可以预知的,量子力学中的概率解释很难令人接受,用他常说的一句话就是:"我不相信上帝喜欢掷骰子!"

这场科学大争论持续多年,不少物理学家为了解决EPR悖论,企图建立所谓的量子力学隐参量理论,即认为量子力学中把波函数模的平方当做粒子概率只是权宜之计,因为真正描述微观粒子运动状态的物理参量还没找到。直到1964年,在爱因斯坦去世9年后,英国物理学家贝尔从隐参量理论成立的前提出发得到一个可供实验检验的不等式,称作贝尔不等式,即EPR理论的实验验证依据。1970年代以来,多项实验结果表明贝尔不等式并不成立。至此,人们才放心大胆地用量子力学来研究微观物理世界。

EPR悖论的提出和证伪,并非是爱因斯坦犯了科学的错误,而是在认识新理论体系中合理的怀疑和大胆的求证。爱因斯坦和玻尔的世纪之争最终孕育了一个新的物理学概念——量子纠缠。我们可以利用处于纠缠态的两个粒子来远距离传输信息,由此发展出了量子通讯这一重要物理学分支。量子通讯将比常规通讯技术更安全、稳定和快捷,是未来世界的重要通讯手段。假如牛郎星和织女星要相会,即使它们以光速运动也需要15年的时间,而采用量子通讯技术只需要打个量子电话,牛郎和织女就可以瞬间跨越茫茫宇宙空间倾诉密语了。

哥本哈根大学校园内的玻尔研究所,是1920—1930年代量子物理学研究的中心Ⓦ

1936 年

玻尔提出核结构的液滴模型

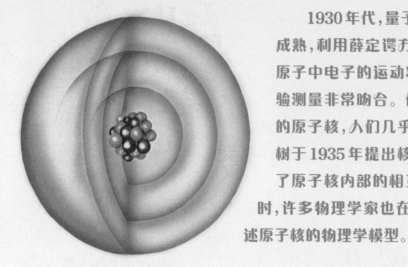

1930 年代，量子力学体系已经趋于成熟，利用薛定谔方程完全可以计算氢原子中电子的运动状态，理论预言和实验测量非常吻合。但是，对于要小得多的原子核，人们几乎一无所知。汤川秀树于 1935 年提出核力的介子理论描述了原子核内部的相互作用方式，与此同时，许多物理学家也在致力于寻找适合描述原子核的物理学模型。

原子核结构图C

原子核有几个基本的物理特征：一是核力作用范围非常短，大概是原子直径的十万分之一；二是原子核的体积大致正比于核子数目，就像核子与核子之间是紧密堆积在一起。由于质量和体积都正比于核子数目，原子核的密度基本上是一个常数，和原子序数无关。玻尔由此联想到我们常见的液滴具有类似的物理特征，因此大胆地把流体力学应用到原子核研究中。他认为，原子核就是一个带电的不可压缩液滴，质子和中子可以看作其中两类流体，借助流体力学中的压缩率、黏滞性等物理学概念和定律，可以推算出原子核质量并解释原子核裂变机制。

玻尔的理论很好地描述了原子核质量、裂变和表面振动等物理学参量和现象，但是笼统把液滴相关理论套到粒子物理学中也存在局限性，他的理论并不能说明原子核性质随着原子序数变化具有周期性的现象。之后，核壳层模型提出，并和液滴模型合并为综合模型作为描述原子核的基本物理学模型。

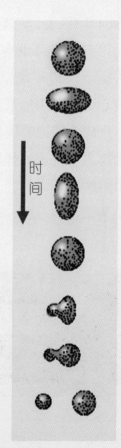

时间

原子核裂变过程示意图S

1937年
液氦超流动性的发现及超流动理论提出

杯子里的液体会沿着杯壁向上爬,这好像有些痴人说梦的味道。不过,确实有一种液体在低温时会向上爬,这就是液氦。

氦在常温下是气体,要冷却到-269℃(4K)附近时才能被液化。由于液化的温度非常低,已接近绝对零度,因此氦成为最后一个被液化的气体。1908年,"绝对零度先生"昂内斯在4.2K的极低温度下成功地将氦液化,开创了一个崭新的低温时代。其中最为显著的事例,就是1912年超导电性的发现和1930年代后期氦Ⅱ超流动性的发现。

被液化的氦与其他液体没有不同,但温度低于2.17K时就转变为氦Ⅱ。最先发现的氦Ⅱ的奇特现象是喷泉效应。在盛装氦Ⅱ的容器中插入一根玻璃管,如果玻璃管的温度略高于容器中液氦的温度,玻璃管中液氦的液面会比容器中的高。当玻璃管足够细,氦Ⅱ会从玻璃管中像喷泉一样向上喷出。氦Ⅱ的另一个奇特性质是爬壁现象,液氦能够沿着容器内壁爬到容器的外边来。

1937年,苏联—美国物理学家卡皮查实验发现,当温度降到2.2K时,本来激烈沸腾的液氦突然停止了沸腾,由此推算出液氦的热导率必须突然增大一百万倍。这意味着发生了相变,X射线结构分析显示,氦在2.172K两侧都是液态,但性质有明显的区别,是液氦的两种相。物理学家称此分界点为λ点。温度高于λ点的液氦为氦

喷泉效应Ⓦ

DOOR METEN TOT WETEN

HEIKE KAMERLINGH ONNES BEREIKTE OP 10 JULI 1908 ALS EERSTE DE TEMPERATUUR VAN VLOEIBAAR HELIUM

AANGEBODEN DOOR HET LEIDS INSTITUUT

昂内斯像Ⓦ

液氦的超流动性Ⓦ

Ⅰ，低于λ点的为氦Ⅱ。卡皮查还发现氦Ⅱ流经间隙小于10⁻⁴厘米的狭缝时，几乎没有黏滞性，而且间隙愈小，阻力愈小，流过愈快，就将这种现象称为超流动性。由于发现了液氦的超流动性和在低温物理学领域中的杰出贡献，卡皮查在40年后获得1978年诺贝尔物理学奖，这时他已84岁高龄。他可能是诺贝尔奖历史上等待时间最长的一位获奖者。

1941年，苏联物理学家朗道提出了氦Ⅱ超流动性的量子理论。他认为由于氦Ⅱ的温度很低，所以量子效应非常重要，必须用量子理论才能解释超流动性。温度很低使得热激发的能量很弱，氦Ⅱ实际上只能处于基态以及与基态很近的低激发态。而任何一个处在低激发态的宏观系统，在量子力学的意义下都可看作相互作用很弱的元激发的集合。由于体系处于弱激发态，这些元激发又很少，它们彼此之间的作用很弱，因此它们的集合可作为理想气体考虑。朗道利用这个理论讨论了超流系统的宏观热力学性质，解释了超流动性；计算了氦Ⅱ的能谱，其结果与实验很符合。1962年，朗道因此获得诺贝尔物理学奖。遗憾的是，1962年1月7日，朗道经历了一次严重的车祸，因此不能亲自前去领奖，只能由他的妻子代领。

卡皮查Ⓦ

Azərbaycan poçtu 2008
Akademik Lev Landau 100 20 qəp

朗道诞辰100周年纪念邮票Ⓦ

液氦的这些奇特现象，如喷泉效应、爬壁现象等，都是人们能够用肉眼观察到的。从本质上说，这类现象都是量子性质。通常认为只有在微观领域才出现的量子现象，现在在宏观领域也观察到了，即宏观量子效应。宏观量子效应的意义非常重大，直观地证明了量子理论的正确。

176

1938 年
拉比创立分子束共振法

随着对原子核物理性质的深入研究，人们发现基本粒子的重要特性之一，如电子、质子和中子都具有磁矩。原子核由质子和中子构成，因此也具有磁矩。如何在实验上精确测量核磁矩也就成为当时物理学研究的一大难题。

玻尔、詹姆斯·弗兰克、爱因斯坦和拉比（从左至右）①

为了改进核磁矩实验测量方法，奥地利—美国物理学家拉比于 1938 年发明了分子束共振法。拉比实验技术关键在于将射频共振引入分子束技术中，其核心装置是一套可以产生磁场梯度的磁铁装置，这样通过外加磁场与核磁矩的相互作用可以选取磁矩的取向，使不同磁矩的粒子在空间分离，通过射频共振技术可以精确测量共振频率，从而算出核磁矩大小。该实验精度高达千分之几，精确测量了多个元素的核磁矩，拉比也因此荣获 1944 年诺贝尔物理学奖。

在拉比的实验技术基础上，发展出了几种目前世界上最精确的仪器：核磁共振谱仪、原子钟、激光器。核磁共振技术是美国物理学家布洛赫和珀塞尔在 1946 年分别通过实验发现的，他们因此获得 1952 年诺贝尔物理学奖。如今，核磁共振成像已成为医院的常规检查手段。原子钟是目前世界上最精密的时钟，即使运行 140 亿年（当今宇宙的年龄）误差也仅为 1/10 秒。1929 年，拉比经海森伯推荐到美国哥伦比亚大学任教，成为该校物理系的领军人物。他努力引进了许多优秀青年人才，在 1930 年代形成了拉比学派，其中多人荣获诺贝尔物理学奖。

用于医疗的核磁共振成像系统①

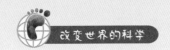

1938 年

哈恩等发现原子核裂变

根据卢瑟福的原子有核模型，人们发现，原子核体积很小，集中了几乎整个原子的全部质量。原子核是不是坚实得无法击碎呢？1933 年，英国物理学家考克饶夫和沃尔顿利用直线加速器击碎了原子核，开始了分裂原子核的研究。1938 年，约里奥-居里夫妇用慢中子照射铀($Z=92$)时，发现一种类似于镧($Z=57$)的放射性核素。但镧与铀的电荷数(原子序数)相差很多，这种现象他们不能解释。

核裂变纪念币①

1938 年，德国化学家哈恩和斯特拉斯曼重复了约里奥-居里夫妇的实验。同年 12 月，哈恩将结果写信告诉了与他合作 30 年、远在瑞典的伙伴、奥地利—瑞典女物理学家迈特纳。哈恩在信中说："是否有可能铀 239 破裂成了钡和镧？我很想知道你的意见。也许你可以算一算后发表什么。"这年圣诞节，迈特纳和她的侄子、物理学家弗里施讨论了这个问题，给出正确的理论解释，铀核被中子轰击后分裂成了(钡和镧)两大块，并给这种现象命名为原子核的裂变。

核裂变是原子核分裂为两个质量相近核的过程——由较重的(原子序数较大的)原子核(主要是指铀或钍)，分裂成较轻的(原子序数较小的)原子核，同时释放出中子。实验表明，铀核的裂变主要是二分裂，也有千分之三的可能性三分裂，万分之三的可能性四分裂。这是约里奥-居里夫妇的学生、中国物理学家钱三强与夫人何泽慧 1946 年发现的。原子核裂变会释放出巨大的能量，这为以后利用原子能以及制造原子弹提供了可能。哈恩因发现核裂变获得 1944 年诺贝尔化学奖。

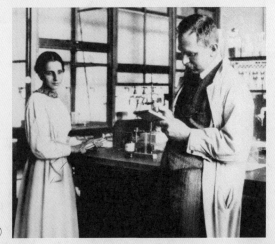

哈恩(右)与迈特纳在实验室W

1940 年
麦克米伦和埃布尔森发现首个超铀元素

在中子和人工放射性相继发现之后,人们意识到元素其实可以通过人工核反应合成,物理学家开始了人造元素之路。费米利用中子来轰击各种各样的原子核,发现了37种新的人工放射性元素。当时元素周期表里最终的元素是铀,原子序数为92,相对原子量为238。

麦克米伦Ⓦ

1934年,费米判断铀并非是元素周期表的终点,完全可以利用人工核反应合成比铀更重的人工放射性元素——超铀元素。

1940年,美国物理学家麦克米伦和埃布尔森发现,用中子轰击铀238之后会有许多难以辨认的元素,他认为这正是费米说的超铀元素。经过仔细实验,他们发现了93号新元素,取名为镎239,这是世界上人工合成的第一个超铀元素。排除掉93号元素后,麦克米伦的实验数据里仍然存在少量的其他未知元素。后来,美国核化学家西博格等人证实了94号元素,命名为钚244。随后,他们又找到95号和96号元素,命名为镅和锔,以纪念居里夫妇。更多的超铀元素如97号锫、98号锎、99号锿(纪念爱因斯坦)、100号镄(纪念费米)、101号钔(纪念门捷列夫)、102号锘、103号铹等相继被发现。如今,元素周期表中的原子序数已经推进到118号元素。1951年,麦克米伦和西博格因发现超铀元素共同获得诺贝尔化学奖。

1961年,西博格(左)与肯尼迪总统Ⓦ

179

1942 年
费米主持建成第一座核反应堆

费米Ⓦ

中世纪盛行过一种点金术，也就是点石成金，希望能把铅这样的廉价金属转变为金这样的贵金属，从事这种研究的人叫做炼金术士。虽然他们人数不少，也作了许多努力，但没有一个成功。这是必然的，因为点金术不是科学。

不过，在20世纪三四十年代确实出了一位现代炼金术士，他就是意大利物理学家费米。费米身材矮小，但头脑极为聪明，中学时期已经才华出众，在罗马大学学习物理时就发表了数篇受到各国物理学家重视的论文。38岁时，因发现慢中子引发的核反应等而获得1938年诺贝尔物理学奖。在这项工作中，他期待中子与重核的反应会产生新的超铀核。如果成功了，那就实现了炼金术士梦寐以求的"点金"梦想。当然，这不是点石成金，而是改变原子核的构成，产生新元素。为了躲避当时意大利当局的迫害，费米在斯德哥尔摩参加完诺贝尔奖颁奖典礼后，就去美国哥伦比亚大学工作。

1939年1月，费米获悉哈恩和斯特拉斯曼于1938年底发现原子核裂变的消息。这一发现对费米来说多少有些难堪，因为他期待的是产生超铀元素，而现在发现的是裂变碎片。尽管如此，他还是一眼看出了这一发现的重大意义：裂变的碎片属于含中子数较多的不稳定的核，它们可能再次发射中子，由此可能引起进一步的核反应。

哥伦比亚大学的物理学家决定检测

参与第一座核反应堆建设的科学家们Ⓦ

雕塑《核能》，位于第一座
核反应堆原址上Ⓦ

在铀核裂变中释放出的能量。1939年1月25日，在物理系所在的普平大楼地下室里，费米领导进行了第一次铀核裂变实验。实验结果表明，在中子轰击铀核的裂变过程中，发射出的中子要比吸收掉的多，这就可以使核裂变继续下去，引起链式反应从而释放出巨大的能量。通常把这种能量叫做原子能，但严格讲这不是原子能，而是原子核能。

如果链式反应能够得到有效的控制，就可以得到一种新的能量来源；如果得不到控制，就会发生核能的猛烈释放，这就是原子弹爆炸的原理。要如何才能控制链式反应呢？

第二次世界大战的军备竞争也促使对链式反应实验的进一步研究。1941年12月，费米等人在芝加哥大学一个废弃的运动场的西看台下面，开始建造世界上第一座核反应堆，即历史上著名的芝加哥一号堆（CP-1）。反应堆是一个铀芯相间地放置在石墨层中的方阵，砌有57层、6米高，外壳为扁球状。堆内置有由镉、铟和银组成的减速棒，用以控制反应的速度。

1942年12月2日芝加哥时间下午3时25分，这座核反应堆成功实现了自持链式反应。由于保密的原因，物理学家康普顿向当时的国防研究委员会主任科南特汇报此事时，用密语进行交谈。

康普顿："意大利航海探险家已经登陆新世界。"

科南特："当地人怎么样？"

康普顿："非常友好！"

CP-1不但实现了可控的自持链式反应，还产生了钚。在这个意义上，费米的确实现了点金的梦想，成为一位真正的炼金术士。钚是制造核弹的原料，1945年7月成功试爆的第一颗原子弹的燃料就是CP-1反应堆中制成的钚。

CP-1核反应堆模拟图Ⓦ

1945年
第一颗原子弹在新墨西哥州试爆成功

1945年7月16日5点30分，一声爆炸声响彻了美国新墨西哥州的阿拉莫戈沙漠地区（现为白沙导弹试验场），一道眩目的光芒耀亮了整个大地，一朵蘑菇状的云冉冉升了起来。这是世界上第一颗原子弹爆炸时的景象。

矗立在第一颗原子弹爆炸点的方尖碑Ⓦ

试验的成功迎来了观看人群的一片欢呼，他们有美军高官、有闻名世界的杰出科学家……一位矮个子的科学家，随手在爆炸前、爆炸时和随之而来的冲击波到达时，散出了一些碎纸屑，根据这些纸屑飘出的距离，估算出这次爆炸具有相当于2万吨TNT炸药的威力。这位科学家就是被誉为原子弹之父之一的意大利—美国物理学家费米。这次爆炸所用的燃料——钚，就是在由他负责设计制造的芝加哥大学的原子反应堆CP-1中制造的。

在欢呼雀跃的同时，科学家们也为如此强大的威力深感震惊。核弹制造的负责人奥本海默就被当时的景象震撼，他想到了印度著名梵文史诗《薄伽梵歌》中的一句诗："漫天奇光异彩，犹如圣灵逞威，只有千个太阳，始能与它争辉。"

是什么东西能释放出如此强大的能量？这还得从爱因斯坦的相对论说起。1905年，爱因斯坦创建了狭义相对论。随后他根据相对论中物体运动质

奥本海默（左）、费米（中）和劳伦斯Ⓦ

量随速度变化的公式,在同年的另一篇论文中推出了著名的质能方程 $E = mc^2$,给出质量—能量之间的转换关系。由于公式中的光速 c 是一个异常巨大的常数,所以质量的细微亏损就能释放出巨大的能量。1938年,哈恩和斯特拉斯曼关于核裂变的发现为核能利用提供了基础。核能的利用通常可分为两大类,一是核能瞬间释放出来,这就是核弹的爆炸;二是核能的

齐拉(右)请爱因斯坦在给罗斯福总统的信上签名①

缓慢释放,这就是核能发电。前者足以毁灭人类,后者却能造福人类,最终解决能源危机。

在第二次世界大战期间,由于担心德国制造核弹,匈牙利物理学家齐拉与同事泰勒和维格纳讨论后,起草了一封致当时美国总统罗斯福的信。信中指出,德国可能已经开始了核弹的研究,因而建议美国尽快开始进行核弹的相关研究。由于考虑到自己的名气不大,他们就请爱因斯坦在信上签名,于1939年8月2日提交罗斯福总统。该信后被称作爱因斯坦—齐拉信件。

格罗夫斯(左)与奥本海默Ⓦ

在日本偷袭美国珍珠港前夕,经罗斯福总统批准,美国政府开始了实施制造原子弹的"曼哈顿计划",军方由格罗夫斯将军领导。该计划主要有两方面的技术工作:一是核燃料的制备;一是核弹弹体的研制。核燃料的制备又分成铀的分离和钚的研制。铀235的分离有几种途径:加州大学伯克利分校劳伦斯领导的利用回旋加速器的电磁分离法,哥伦比亚大学默弗里和比姆斯领导的气体扩散法,华盛顿卡内基研究所阿伯尔森领导的热扩散法。钚的制备主要由费米领导的芝加哥大学冶金实验室承担。

第一颗原子弹整装待发Ⓦ

为了研制弹体，1942年8月在新墨西哥州的沙漠中建造了洛斯阿拉莫斯实验室，奥本海默被任命为主任，负责核弹的研发工作。1943年，4000名科学家进驻洛斯阿拉莫斯，如费米、玻尔、费恩曼、冯·诺伊曼、吴健雄等大师级物理学家皆在其内。奥本海默和康普顿等科学家一起制取裂变材料的同时，对原子弹的体积、爆炸能力及如何设计等技术问题进行了理论研究。在"曼哈顿计划"各科研部门的负责人中，奥本海默是唯一一位未获得诺贝尔奖的人，但洛斯阿拉莫斯的科学家都认为，没有奥本海默非凡的领导能力，原子弹在战争结束前试验成功并投入使用，是不可能的。

到1944年，研究人员已经成功分离出足够制造两颗原子弹的钚。理论部主任德国—美国物理学家贝特预先评估了原子弹的起爆、爆后影响等。1945年7月12日，第一颗实验性原子弹开始最后的装配。7月16日，试爆成功，在半径1600米的范围内，预先放置的实验动植物全部死亡。

由于核弹试爆的成功，1945年8月6日和8月9日，美国在日本的广岛和长崎投下了两枚核弹，促使日本于1945年8月15日宣告无条件投降，第二次世界大战结束。

投放在长崎的原子弹爆炸后产生的蘑菇云Ⓦ

1948 年
量子电动力学重正化理论建立

在20世纪中期,活跃着一位对物理学做出重要贡献的科学家。他不但以其物理学上的巨大贡献名留青史,更因在"挑战者号"航天飞机事故调查中所起的决定性作用而闻名遐迩。他是"曼哈顿计划"的一员,还是一个会敲巴西邦戈鼓的"科学顽童"。他就是当代最受人爱戴的美国科学家之———费恩曼。

1984年的费恩曼◎

在"曼哈顿计划"之后,27岁的费恩曼跟随洛斯阿拉莫斯的同事、物理学家贝特到纽约康奈尔大学任教,他赢得诺贝尔奖的工作就是在这里取得的。有趣的是,这项工作的进程可以用由奥本海默代表美国科学院组织的三次杰出科学家的会议来标记。

1947年6月,第一次会议在纽约长岛举行,费恩曼遇到了与他同岁的哈佛大学教授施温格,会议讨论的热点是4月底刚刚发现的兰姆移位。兰姆也是参会者,他是奥本海默的学生,他用微波束探测技术测量了氢原子中电子的各个能级之间的能量差。按照狄拉克的理论,氢原子的一个电子可以有能量完全相同的两种量子态,就像在同一个梯级上有一个双重台阶。但兰姆发现,两者中有一个量子态的能量比狄拉克理论的预言值略高一些,因此在这两个能级之间有个微小的能级分裂。也就是说,有一个

康奈尔大学地标麦格罗塔◎

长岛会议期间的讨论组：兰姆（左侧弯腰者）、费恩曼（执笔者）和施温格（最右蹲者）①

能级轻微地移位了，就像梯级中这对本应一样高的台阶却有一个比另一个稍高了一点。这个现象被称为兰姆移位。虽然这一发现说明了狄拉克的理论不够完善，但这个能级移位是一个非常非常小的数，这个量该如何处理，量子理论又能否预言能级改变的正确数量呢？

回到学校后，费恩曼和贝特就开始解决兰姆移位问题，但在计算过程中，费恩曼犯了一个错误，在做重正化的时候，高阶计算中出现的无穷大并不能抵消。1947年初秋，费恩曼为这个问题绞尽脑汁了几个月后，终于用正确的重正化方法让无穷大消失了。11月，费恩曼在普林斯顿高等研究院介绍了自己的部分工作，听众中的狄拉克肯定了他。可惜，狄拉克当时还属少数派。1948年1月，施温格在美国物理学年会上介绍了自己关于兰姆移位的计算。听众席中费恩曼表示，他用不同的方法也得到了同样的结果。在费恩曼看来，两个独立的算法给出相同的答案，那么这个结果一定是对的。可惜，费恩曼当时被人知之甚少。1948年3月，在宾夕法尼亚州举行的第二次会议上，施温格和费恩曼都介绍了自己的工作，但施温格借助的高超的数学技巧无人能及，费恩曼的方法新颖又陌生，同样无人能理解。费恩曼认为，自己的量子电动力学和施温格的一样好，他决定全部写下来去发表。

当时高等研究院院长奥本海默在回到普林斯顿后，发现了一篇来自日本的论文。这位与西方科学家隔绝的物理学家朝永振一郎用略微简单的方式得

狄拉克（左）与费恩曼①

出了与施温格的量子电动力学基本相同的形式,实
际上他是这三位物理学家中第一位完成该理论的
人。这是物理学界第三次宣告量子电动力学的
正确性。

第二次会议后,费恩曼用一系列明晰又深刻
的论文发表了他的工作,但他的研究能为广泛读
者所理解,要归功于普林斯顿的另一位数学天才
英国人戴森。1947年9月,戴森在贝特的手下工
作,被费恩曼的活力所吸引。1948年9月,戴森写
了一篇论文《朝永振一郎、施温格和费恩曼的辐射理
论》,这篇论文使得新的量子电动力学能为普通的物

1949年的朝永振一郎ⓦ

理学家所接受。正如1979年的诺贝尔物理学奖得主温伯格所评论的:"随着戴
森论文的发表,最终有了一种物理学家便于使用的通用而系统化的形式,这为后
来应用量子场论解决物理学问题提供了一种共同的语言。"到了1949年年初,所
有的工作都完成了。在4月于纽约举行的第三次会议上,戴森也位列其中,就像
施温格的理论曾是第二次会议的中心一样,量子电动力学的费恩曼方法此时站
在了舞台的中心,并在20世纪后半叶的理论物理学中起核心作用,还不到31岁
的费恩曼成为领头的物理学家。1965年,费恩曼、施温格和朝永振一郎共同分
享了诺贝尔物理学奖。

费恩曼被认为是20世纪美国最伟大的物理学家之一,一位深邃的思想者、
热爱生活和自然的人
以及硕果累累的教育
家。有人夸赞他"即使
在诺贝尔奖获得者之
中,也是非凡的"。他
于1962年写给大学生
的《费恩曼物理学讲
义》是直到今天仍适用
的物理学教科书。

费恩曼部分作品一览ⓞ

187

1953 年
汤斯发明微波激射器

　　1964 年，诺贝尔物理学奖授予美国物理学家汤斯等三人，以表彰他们在量子电子学方面包括微波激射器在内的一系列基础研究，正是这些工作导致了基于微波激射器和激光原理制成的振荡器和放大器，即激光器的产生。

汤斯像W

　　激光器的发明是 20 世纪有划时代意义的一项科学技术成就。自 1960 年代开始，激光器件、激光应用等各方面的研究广泛开展，各种激光器如雨后春笋般涌现，极大地推进了人类社会文明的发展。

　　汤斯从 1933 年起就在美国贝尔实验室技术部工作，他对微波和无线电技术都非常熟悉。第二次世界大战期间，美国空军要求他研制高频率的雷达，虽然最终研制出来的仪器在军事上毫无价值，但却成了汤斯手中极为有利的实验装置，这台仪器达到当时从未有过的高频率和高分辨率，汤斯从此开始了对微波和分子之间相互作用的研究工作。

　　早在 1916 年，爱因斯坦就提出了受激辐射的理论，但实现受激辐射的另一个重要难题是电磁波放大，人们还一直没有找到合适的技术来解决。汤斯设想，如果将介质置于谐振腔内，利用振荡和反馈，也许可以放大。汤斯很熟悉无线电工程，所以别人没有想到的，他先想到了。可见，机会总是钟情于有准备的人。根据

汤斯和他的第一台微波激射器W

前人对氨分子光谱所做的大量透彻的研究,汤斯设想用非均匀电场分离出处于激发态的氨分子,通过氨分子的受激辐射以达到微波放大的目的。汤斯小组历经两年的试验,在1953年制成了第一台微波激射器。微波激射器具有非同一般的特性,比如,输出单一频率的辐射等。它的非凡特性使它能够做出不平凡的贡献。1960年,微波激射器用于卫星,成功放大了从卫星发向金星、又从金星反射回卫星的几乎消失殆尽的微弱信号。然而,其最为重要的贡献,还是协助科学家探测宇宙空间的物质,促成了激光器的问世。

氢微波激射器Ⓦ

汤斯在致力于微波激射器的工作过程中,遭到了当时不少学术权威的反对,他们不相信这套方案能够实现受激辐射。当然,在科学研究上每个人都有自己的观察角度和分析问题的方法,出现不同看法和说法是很正常的事情。重要的是,汤斯坚信自己的判断,最终成功研制出了装置,取得了巨大的成功。

后来,考虑到激光在军事应用上的潜在可能性,汤斯与合作者肖洛等人又着手研究更短波长的微波激射器,并于

贝尔实验室鸟瞰Ⓦ

1958年联名发表重要论文《红外与光激射器》。这篇论文不仅给出了受激辐射光产生的必要条件,而且还详细论述了光激射器的若干理论问题与设计方案。汤斯与肖洛的这一设想,使许多人纷纷加入光激射器的研制中,并最终导致1960年世界上第一台激光器发明。1981年,肖洛因对激光的先驱性贡献获得诺贝尔物理学奖。

肖洛Ⓦ

1955 年
考恩和莱因斯实验证实中微子存在

　　2011年，欧洲核子研究中心宣称测到了超光速中微子，一下子吸引了全世界物理学家的眼光。因为如果这是真的，将动摇作为现代物理学基础的爱因斯坦相对论。后来发现，这只是在测量中犯了一个低级错误，闹了一个乌龙事件。中微子究竟是什么呢？这要从20世纪初的一场关于能量守恒定律在微观领域是否仍然正确的争论说起。

　　1896年，贝克勒耳发现天然放射性，实验显示有α、β、γ三种射线，其中β射线是从原子核中发射出来的电子流。β衰变是指原子核内发射出一个电子、核电荷数增加1（β⁻衰变），或发射出一个正电子、核电荷数减少1（β⁺衰变）的衰变过程。实验发现，β衰变中发射出的电子的能谱是一条连续曲线，并且电子的最大动能恰好等于核的能量差。但绝大多数电子并未带走这么多的能量，如果只有电子和核两者参与反应过程，这意味着能量不守恒。当时就有一些物理学家认为，在微观领域能量并不守恒。

　　不过大多数物理学家仍然认为能量守恒在宇宙间是普遍成立的，纷纷寻找解决的方案。1930年，泡利提出中子

欧洲核子研究中心的球形科学创新中心，用于举办各种展览①

假设，认为在β衰变中还有一个第三者——一个没有质量的中性粒子，带走了一部分能量，所以总能量仍保持守恒。只是它没有质量又不带电，难以观测，被它带走的能量不易测量出来，故被误认为能量不守恒了。1933年，费米提出一种理论，认为质子和中子是同一种粒子——核子的两种不同的状态，它们可以相互转化，在转化时同时放出电子和这种中性粒子。由于

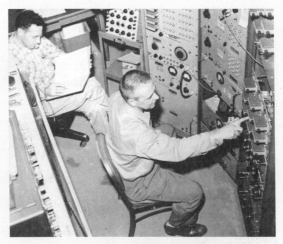

莱因斯(左)与考恩在实验室ⓦ

粒子是中性的，又没有质量，费米将它称为中微子。中微子确保了能量守恒定律成立，不过此时的中微子仍是理论上的一种假设而已，必须通过实验来验证。

1956年，美国洛斯阿拉莫斯国家实验室的物理学家考恩和莱因斯领导的实验组终于第一次探测到中微子(实际上是反中微子)的存在。他们用200升水和1400升液体闪烁体($CdCl_2$)制成一个探测器，将它深埋在核反应堆附近地下。当一个反中微子射入水中与氢核碰撞时，转化为一个正电子和一个中子。随后，正电子与电子发生电子对湮没而转化为两个光子，安装在水槽两侧的液体闪烁体就会同时产生两个光信号。另外，反中微子与氢核碰撞产生的中子将经多次碰撞减速，数微秒后，被渗在水中的一个镉原子核吸收，同时产生若干个光子，这些光子在液体闪烁体中又会同时产生几个光信号。正是通过这两次相继出现的光信号，考恩和莱因斯确认发现了(反)中微子。这个实验如此巧妙、可靠，其结果很快被物理学界承认，并被列为20世纪物理学的重要实验之一。莱因斯因这一发现获得了1995年诺贝尔物理学奖。遗憾的是，考恩当时已经去世，根据诺贝尔奖委员会的规定不能获奖。

加州大学莱因斯楼①

1956年

李政道和杨振宁提出宇称不守恒理论并被吴健雄证实

李政道①

《爱丽丝镜中奇遇》是英国数学家刘易斯撰写的著名童话小说《爱丽丝漫游奇境》的续集。小姑娘爱丽丝不知不觉中穿越了镜子,到达另外一边的房间。她在房间里看到一本书,这本书以左右相反的文字写成(因为在镜子里),爱丽丝要取来镜子才能看。

这个故事启发科学家们去思考,在镜像(即左右相反的)世界中,自然规律是否与我们现实中的完全一样。物理学家一直认为镜像世界中的自然规律与现实世界中的一模一样,也就是说"左"和"右"是完全对称的。到了1956年,情况发生了变化,两名年轻的物理学家李政道和杨振宁发现,在某些过程中,"左"和"右"并不对称,从此动摇了左右对称的基础。

简单地说,左右对称就是指,一个系统的性质在经过了左变右和右变左的变换之后,仍然保持不变。比如,时空中空间平移不变性。在北京的某个实验室里做实验与在全国、全世界其他地方实验室做实验所得到的规律都是一样的,甚至到外星球、宇宙间的任何地方也都一样。而且,物理规律的任何一种对称性,都相应地存在一条守恒定律;反之亦然。人们对左右对称一直很有兴趣,但一直不清楚与左右对称性对应的守恒律是什么。量子力学诞生后,人们才弄清与左右变换对应的物理量叫(空间)宇称。1932年,宇称守恒定律提

杨振宁(前排左一)与拉比(前排右一)、丁肇中(后排右一)W

出。也就是说,爱丽丝去的那个镜像世界与现实世界的自然规律完全相同。

意味着左右不对称的宇称不守恒是如何发现的呢? 1950年代初大批奇异粒子刚发现时,人们曾按照K介子的不同衰变方式设想存在τ、θ等六种粒子。随着实验事例的增多和分析的精确化,这些粒子的质量和其他性质都相同,似乎应看作同一种粒子。但是τ粒子衰变为三个π介子,θ粒子衰变为两个π介子,π介子的空间宇称为负。所以,若宇称守恒定律成立,τ和θ就不是同一种粒子;反之,如果它们是同一种粒

吴健雄在实验室◎

子,则宇称守恒定律就不成立。这就是呈现在当时物理学家面前的一个著名矛盾,称为"θ-τ疑难",它整整地困扰了物理学家近十年。

1956年,李政道和杨振宁提出了一个大胆的假说,使得"θ-τ疑难"迎刃而解。他们认为,θ介子和τ介子根本就是同一粒子——K介子的两种状态。它们会衰变成宇称不同的态,是因为在弱相互作用中宇称并不守恒,并提出了几种判决性实验方案。这一杰出的观点,同年就被李政道在哥伦比亚大学的同事、女物理学家吴健雄通过实验证实。1957年,李政道和杨振宁获得诺贝尔物理学奖。1976年,吴健雄获得首届沃尔夫物理学奖,至今她仍是唯一一位获得该奖的女物理学家。现在,沃尔夫奖被认为是仅次于诺贝尔奖的国际奖项,是诺贝尔奖的前哨。

位于南京市东南大学的吴健雄纪念馆◎

1957 年

苏联发射第一颗人造地球卫星

从古到今,地球上的人类对头顶上的一片蓝天和浩瀚的星空都充满了向往,夸父追日、嫦娥奔月、刘安得道等无数神话故事里讲述着人们的飞天梦想,甚至生前不能如愿的人们也期望死后灵魂升往天堂。只不过神话和梦想终究是虚幻,真正把飞天付诸实践的寥寥无几。

据说明朝的一个官吏万户,坐在绑了47支火箭的椅子上,手里拿着风筝,试图飞上天去。但在火药点燃的一瞬间被炸得粉身碎骨,人类第一次飞天尝试以生命的代价宣告惨烈失败。到了近代,随着科技的进步,人们开始模仿鸟类飞翔,无人飞行器和滑翔机在20世纪初最终成功把人送往蓝天,飞行从梦想变为现实。不过从天空到太空,依旧还有一段很长很长的距离。

根据牛顿力学和万有引力定律,如果想把一块石子扔得足够远,需要足够的高度和尽可能大的抛出初速度。如果这个初速度超过了7.9千米/秒(即第一宇宙速度),那么石子将不再落回地球,而是在地球引力束缚下围绕地球做近似圆周运动(如图所示C)。如果这个速度继续增大到第二宇宙速度11.2千米/秒,那么它将挣脱地球引力转而围绕太阳运动(如图所示E);如果速度增大到第三宇宙速度16.7千米/秒,那么它将离开太阳系,飞向更为遥远的太空。我们乘坐的民航客机,飞行速度一般小于1000千米/小时,仅相当于0.3千米/秒,目前最快的喷气

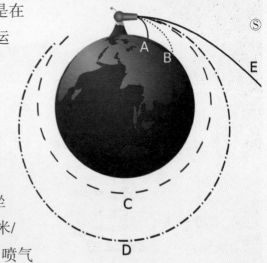

式飞机速度也不过 3 千米/秒。因此,要想进入太空,必须依靠具有巨大推进力的火箭。

到了 1950 年代,火箭技术已经逐渐成熟,世界上两大强国苏联和美国开始了太空竞赛,标志性事件就是苏联于 1957 年 10 月 4 日发射了第一颗人造地球卫星——"斯普特尼克 1 号"。这颗直径 58.5 厘米、

"斯普特尼克 1 号"的复制品ⓦ

重 83.6 千克的铝制圆球,带着两对长长的天线"尾巴",在三级运载火箭的推进下飞向了太空轨道。"斯普特尼克 1 号"的轨道远地点为 964.1 千米,近地点为 228.5 千米,每 96.2 分钟绕地球一周,肉眼就能看到。该卫星在天空中运行了 92 天,绕地球约 1400 圈,行程 6000 万千米,于 1958 年 1 月 4 日陨落。这颗卫星的成功发射,意味着人类已经可以探索广阔的太空领域,极大地刺激了军事和科技的进步。随后,人类开始驾驶飞船进入太空甚至登陆月球,许多科学装置被送入太空轨道,太空轨道上的空间站也逐渐成型,人类的太空梦变成现实。

1970 年 4 月 24 日中国发射了第一颗人造地球卫星"东方红一号",1999 年 11 月 20 日中国发射第一艘宇宙飞船"神舟一号",2003 年 10 月 15 日"神舟五号"首次把中国的第一位航天员杨利伟送上太空,2007 年 10 月 24 日中国第一个月球探测器"嫦娥一号"发射成功,2011 年 9 月 29 日中国成功将第一座空间站"天宫一号"送入太空轨道。在未来的太空世界,中国的空间探索将越来越重要。

"东方红一号"ⓒ

1960年
梅曼研制出激光器

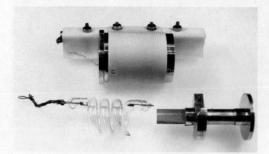

在汤斯和肖洛提出了把微波激射器原理应用到光学范围的设想之后，美国休斯实验室的研究人员梅曼运用红宝石晶体作为工作物质，研制成可见光波段的光激射器。

梅曼的红宝石激光器元件①

汤斯和肖洛采用的是微波电磁波，而梅曼用的是可见光，现在所说的激光大都是在可见光波段，因此一般认为梅曼发明的光激射器是世界上第一台激光器。1960年8月6日，《自然》杂志正式报导了梅曼的这个成果。梅曼的激光器由三部分构成：作为工作物质的红宝石晶体，光频振荡腔和脉冲氙灯光源。实际上，梅曼将红宝石做成小圆棒（长4.5厘米，直径0.6厘米），其两端抛光，镀上银，形成光频谐振腔，其中一端中央有小孔。红宝石置于呈螺旋状的氙灯中央，氙灯每闪一次，小孔中便透出深红色的激光，其波长为694.3纳米。发明激光器之后，梅曼一生都致力于激光器的改进和应用，于2007年5月5日病逝于温哥华。

激光是非常好的光源：亮度高、方向性好、单色性好，即一束高能量激光能够以单色和高亮状态一直保持很好的传播方向。因此，在梅曼的红宝石激光器问世后不久，各种激光器，如氦—氖激光器以及各种气体激光器、液体激光器、固体激光器、半导体激光器、自由电子激光器等竞相问世，激光器作为一种新光源，已经成为在工业、医学、通信、国防，以及众多领域不可缺少的仪器设备，并在许多领域引起了革命性的突破。

香港维多利亚港激光秀⑩

1961 年
美国开始实施阿波罗计划

　　1957年10月4日,苏联的第一颗人造卫星成功上天,标志着太空竞赛的开始。随后的几年里,苏联在竞赛中拔得头筹,1961年4月12日,苏联宇航员加加林首次进入太空,成为人类历史上第一个进入太空的人。

加加林进入太空50周年纪念邮票Ⓦ

　　当时冷战的气氛依旧紧张,当美国人得知这一消息时非常震惊和懊恼,时任美国总统的肯尼迪下令抓紧推进美国的太空计划,力争在10年内把美国国旗插上月球。阿波罗登月计划就在这样背景下拉开了序幕。

进入太空轨道环绕地球运动需要大功率的推进火箭,以突破第一宇宙速度并达到足够高度;登陆月球则需要更为复杂的变轨和着落设备,要宇航员踏上月球表面更需要综合性能非常好的宇航服。美国人自信他们的科技水平可以克服这一切困难。果然,1969年7月21日,美国宇航员阿姆斯特朗、奥尔德林和科林斯驾驶着"阿波罗11号"宇宙飞船,成功踏上了月球表面。作为首次踏上月球的人类,阿姆斯特朗

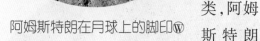

阿姆斯特朗在月球上的脚印Ⓦ

自豪地说道:"这是个人迈出的一小步,但却是人类迈出的一大步。"

　　阿波罗计划历时11年,成功完成了6次登月,耗资255亿美元,参加计划的有2万家企业、200多所大学和80多个科研机构,总人数超过30万人,

宇航员在月球上Ⓦ

"发现者号"航天飞机升空Ⓦ

是人类历史上的一大壮举。阿波罗计划既有辉煌与成就，也有牺牲与挫折。1967年1月27日，"阿波罗1号"在一次测试中着火，三名宇航员丧生。阿波罗计划不仅宣告人类可以踏上月球，更重要的是取得了航空航天、军事、通信、材料、医药、计算机等科技领域的3000多项应用技术成果，是科技史上浓墨重彩的一笔！

阿波罗计划结束后，美国转向航天飞机的开发和研制，这种可重复使用的航天运载工具极大地提高了探索太空的效率。国际空间站上许多空间实验都依赖于航天飞机的运输。美国先后造了五架航天飞机："哥伦比亚号"、"挑战者号"、"发现者号"、"亚特兰蒂斯号"、"奋进号"，其中"发现者号"服役时间最长、安全记录最好。不过，航天飞机也不是绝对安全，"哥伦比亚号"和"挑战者号"在发射和返程中发生事故，导致多名宇航员丧生。2011年7月21日，最后一架服役的航天飞机"亚特兰蒂斯号"完成谢幕之旅，标志着美国航天飞机时代的结束，太空竞赛也最终冷淡。近些年，美国的太空探索从国家逐渐转移到企业，新的"太空巴士"、"太空天梯"、"火星探测"等计划大都由企业投资。

"挑战者号"航天飞机失事瞬间Ⓦ

1962年
莱德曼等证实存在两种中微子

1960年代,在美国纽约活跃着一位真诚而风趣的实验物理学家莱德曼。当时的物理学家发现,μ子除了质量是电子质量的200多倍外,其他性质与电子非常相似,比如电荷、自旋等。

莱德曼Ⓦ

一些物理学家猜想这可能与中微子有关,因为在β衰变中,电子与中微子一起放出,在π介子衰变中,μ子与中微子一起放出。人们猜想,电子与μ子性质上尚未被了解的差异性或许正体现在与电子一起放出的中微子和与μ子一起放出的中微子的不同之上。

1962年,莱德曼、施瓦茨和施泰因贝格尔利用布鲁克海文国家实验室里刚建成的一台能产生大量π介子的同步加速器(AGS)展开研究。π介子衰变时,如果随μ子出现的中微子是μ子型的,那么这些实验中只能观测到μ子,而没有电子。通过大量实验结果的分析发现,情况确实如此。与μ子相伴的μ子型中微子ν_μ和与电子相伴的电子型中微子ν_e是两种不同的中微子。一年后,这个结果又在欧洲核子研究中心和费米国家实验室被更高精确度的结果所证实。莱德曼、施瓦茨和施泰因贝格尔因证实存在两种中微子而获得1988年诺贝尔物理学奖。

作为实验物理学家,莱德曼对理论物理学家多少有些不屑,他嘲弄地说:理论物理学家可能一辈子也碰不到实验工作中存在的智力挑战,也经历不到其中的激动和危险。理论家面临的唯一风险,是当他们在查找计算错误时用铅笔戳到自己的脑袋瓜子。

费米国家实验室鸟瞰Ⓦ

1964年
盖尔曼提出夸克模型

宇宙万物是由什么构成的,自古以来就有两种截然不同的观点。一种认为物质永远可以分下去,比如"一尺之棰,日取其半,万世不竭";另一种则认为物质由一些不可再分的、没有内部结构的基本组元组成。

盖尔曼[1]

人们将质子、中子、电子等当时所知的粒子称为基本粒子。到了1960年代初,已发现的基本粒子多达近200种,其中绝大多数是能够参与强相互作用的粒子,如质子、中子、π介子、K介子等,通称为强子。那么,强子是不是基本的,还能再分吗?

1964年,美国物理学家盖尔曼和德国物理学家茨维格分别独立提出了强子结构的夸克模型。他们认为,所有强子都是由更为基本的粒子构成,即夸克。夸克有三种,分别称为上夸克u、下夸克d、奇异夸克s。在夸克模型中,所有强子由夸克和反夸克组成。重子(自旋为半整数的强子)由三个夸克或三个反夸克组成。介子(自旋为整数的强子)由正、反两个夸克组成。夸克模型能解释强子的性质以及高能强子碰撞实验的结果,盖尔曼因此获得1969年诺贝尔物理学奖。

有趣的是,盖尔曼关于夸克的命名来自于乔伊斯的小说《芬尼根守灵夜》。他虽是物理学家,但学识渊博,对语言更是着迷。1979年的诺贝尔物理学奖得主温伯格曾这样评价他:"从考古到仙人掌再到非洲约鲁巴人的传说再到发酵学,他懂得都比你多。"

盖尔曼工作过的加州理工学院诺曼布里奇物理实验室[1]

1967 年
电弱统一模型问世

世界万物的构成,单有物质粒子还不够,还需要有将它们结合起来的力。就像造房子那样,单有砖块还不够,还得有把它们粘结起来的水泥。那么,自然界中"粘结"物质粒子的"水泥"是什么呢?是相互作用力,把原子结合成分子的是电磁相互作用力,形成太阳系的力是万有引力。

引力和电磁力是人类最早认识到的两种力。早在1500多年前,古希腊的先哲泰勒斯就发现了摩擦过的琥珀能吸引细小物体,即摩擦生电。另外,他还知道了某些天然矿石(磁石)能吸引铁质物体。中国古代也有"慈石引针"的记载,"慈石"就是磁石、吸铁石,能吸引铁质物体。

到20世纪初,人们发现了原子核。原子核的结合非常牢固,而且能通过β衰变等过程变成其他的核。使原子核牢固结合在一起的是什么力?令它缓慢衰变的又是什么力?现在我们已经知道,前者是强相互作用力,后者是弱相互作用力。自然界就是由引力、电磁相互作用力、强相互作用力和弱相互作用力结合起来的。其中,强相互作用力最强,如果把它的强度设定为1,电磁相互作用力只有它的1/137,弱相互作用力约为10^{-5},引力最弱,只有10^{-38}。

能不能将这些相互作用力统一起来呢?事实上,科学家们一直在这么做,牛顿的万有引力就是把天上的力(行星绕太阳旋转)和地上的力(苹果掉地)统一了起来;电磁感应把电和磁统一了起来。麦克斯韦的经典电动力学更是把电、磁和光统一了起来,实现了人类历史上第一次大统

磁石能吸引曲别针▽

温伯格在得克萨斯大学①

一。之后，物理学家们一直在努力把更多的力统一起来。比如，爱因斯坦创建了引力理论后，就一直想把引力和电磁相互作用力统一起来，努力试图建立统一场论，遗憾的是到去世仍未成功。

1961 年，美国物理学家格拉肖在一篇文章中提出了一个把电磁相互作用力和弱相互作用力统一起来的模型。粒子间的弱相互作用和电磁相互作用都具有规范对称性，传递弱相互作用的中间玻色子以及传递电磁相互作用的光子都是相应的规范场粒子。但这一模型中的中间玻色子是没有质量的，与弱相互作用力的短程力性质不符。

1967 年，格拉肖的同学、美国物理学家温伯格和巴基斯坦物理学家萨拉姆利用对称性自发破缺的办法，使传递弱相互作用的中间玻色子获得质量，而传递电磁作用的光子仍然没有质量。零质量的光子所传递的力是一种长程力，大质量的中间玻色子所传递的力是一种短程力。光子是稳定粒子，它所传递的力较强；中间玻色子是不稳定粒子，其寿命很短，它们在传递力的过程中不断地消亡，所以传递的力较弱。因此在电弱统一理论中，弱力和电力原来是一种力，只是因为对称性自发破缺的作用，这两种力的对称性被破坏，它们的差异性才显现了出来。

电弱统一理论提出后，已为大量的实验所证实，该理论所预言的三种中间玻色子也相继为实验发现。格拉肖、温伯格和萨拉姆为此获得了 1979 年诺贝尔物理学奖。

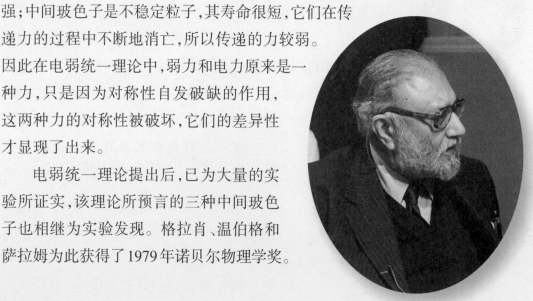

1987年的萨拉姆①

1974年
尝试建立大统一理论

至1970年代,粒子物理学在研究基本相互作用方面取得了很大成功。随着电弱统一理论和强相互作用的量子色动力学的建立,一些物理学家尝试在规范理论的框架中建立更大的统一理论。

乔治第三①

1974年,美国物理学家、哈佛大学教授乔治第三和格拉肖提出了一种将弱、电、强三种相互作用统一在一起的大统一理论。该理论能够说明为什么轻子和夸克的电荷是量子化的,能够确定弱、电、强三种力相对强度的参数。这种理论认为,在极高能量时这三种作用是统一的,只是当能量降低到大约10^{15}吉电子伏时,由于对称性自发破缺,这种统一的力才破缺为弱电力和强力;当能量进一步降低到大约10^2吉电子伏时,弱电力也进一步破缺为弱力和电磁力。该理论还认为质子是不稳定的,其寿命估计约为10^{30}年。然而,随后的几个大型实验都不支持这个预言。为了克服大统一模型的缺点,科学家们考虑了更大的对称性方案,陆续提出了超对称理论和超引力理论。1984年又有人提出超弦理论,认为微观粒子不是一个点,而是一条弦。现在人们普遍认为,超弦理论可能才是最终能统一自然界四种相互作用的理论。

虽然大统一理论以及后来发展出来的超引力、超弦理论等尚有许多问题有待解决,距离最终目标还有漫长的道路要走,但是寻找四种相互作用统一的研究工作从未中断,科学家仍在努力之中。

哈佛大学怀德纳图书馆,世界上规模最大的大学图书馆①

1985年
发现新的碳单质C₆₀

　　碳是组成我们这个有机世界最重要的元素之一。起初人们认为碳的同素异形体只有两种——软滑滑的石墨和硬邦邦的金刚石,一次偶然发现打破了这个传统观念。

　　1985年,英国化学家克罗托、美国物理学家斯莫利和美国化学家柯尔用激光轰击石墨靶时,偶然发现一种新的光谱线对应着60个碳原子团簇,这要比其他元素的团簇多得多。经过种种推断,他们发现美国建筑学家富勒经常采用的圆笼状屋顶最适合用来描述这种具有60个碳原子的分子,因而命名为富勒烯。C_{60}分子结构是一个截角二十面体,包含12个五边形和20个六边形,形似足球的外形图案,因此又被称为足球烯。C_{60}的发现说明碳的同素异形体还有多种可能性,而这种高度对称的球形笼状结构被美誉为“最完美的分子”。克罗托、斯莫利和柯尔因C_{60}的发现而共同获得了1996年诺贝尔化学奖。

　　C_{60}分子中间是空心的,因此可以容纳各种各样的原子,展现丰富的物理性质。假如我们把C_{60}这个“足球”当中“剖开”,中间还可以塞进10个原子,这就构成了C_{70}。以此类推,我们可以不断剖开塞进碳原子,直到最终许多碳原子形成了一个长长的管子——这就是碳纳米管。如果将单壁碳纳米管当中“剪开”并铺平,就形成了单层石墨烯。如果将单层石墨烯“堆垒”起来,就又变成了多层石墨。可见,碳元素单质的同素异形体真可谓是千变万化。

克罗托与富勒烯模型①

1985 年

朱棣文等用激光将原子冷却至240微开的低温

世界上最低温度是多少？当然是绝对零度，即 0 开(K)，相当于 -273℃。不过，绝对零度只是个极限值，只能无限逼近，不能真正实现。为了获得低温环境，实验物理学家进行了许多尝试。那么，靠什么技术能获得极度低温，怎样才能无限接近绝对零度呢？

物体的温度主要来源于原子的热振动，即原子在平衡位置附近不断振动，因此降低温度的主要任务就是让原子"冷静"下来。1975年，科学家提出了激光冷却原子的思想。设想原子是一个很重的铅球，而一束激光里的光子是许多个乒乓球，激光照射到原子上相当于一大堆定向运动的乒乓球打到铅球上，如果能够在其上下前后左右等六个方向都施加激光束，那么再重的铅球也有可能会在乒乓球的不断撞击下而减速，最终冷静平息下来。不过，要将六束激光完全聚焦到同一个点上非常不容易。直到 1985 年，美国科学家朱棣文及其合作者才实现激光冷却技术，他们成功地将0.2立方厘米体积中的10^5个中性钠原子稀释气体冷却到240微开(240×10^{-6} K)的低温。1995年，法国科学家科昂-塔诺季等人采用新的相干布居陷阱激光制冷技术将氦原子冷却到了 180 纳开(180×10^{-9} K)的极低温。冲击低温极限的竞赛在不断上演，目前世界上最低温度记录是2003年人们采用磁量子阱和激光冷却方法相

激光照射原子 Ⓢ

朱棣文 Ⓦ

科昂-塔诺季 Ⓞ

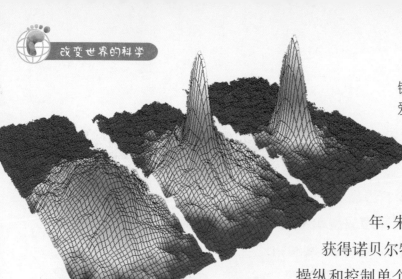

铷原子气体的玻色—爱因斯坦凝聚

结合,获得了 0.5 纳开(5×10^{-10} K)的低温。1997年,朱棣文、科昂-塔诺季等因此获得诺贝尔物理学奖。

操纵和控制单个原子一直是物理学家追求的目标,激光冷却的方法使得原子可以被"俘获",因而操控原子变得更为方便,为研究微观粒子的量子行为提供了一个非常有力的工具。正是基于此技术,现代物理学发展出了一个新的分支——冷原子物理学。在如此低的温度环境下,原子们也纷纷回落到低能量状态甚至"抱团取暖",形成了物质世界中区别于气态、液态、固态、等离子态等四种物态的一种新状态——玻色—爱因斯坦凝聚态。1995年,美国物理学家康奈尔和威曼采用朱棣文等发展的获得超低温的激光冷却和陷俘原子技术,首次成功地从实验上观测到稀薄铷原子气体的玻色—爱因斯坦凝聚。2001年,康奈尔和威曼等获得诺贝尔物理学奖。2008年,时任劳伦斯伯克利国家实验室主任的朱棣文因突出的科学贡献和优秀的领导能力,被选拔为能源部部长,执掌美国基础科研和能源领域,2013年卸任。

劳伦斯伯克利国家实验室

1986年

发现高临界温度超导材料

1911年发现超导现象以来，探索更高临界温度的超导体成为科学家一直努力追求的目标。在随后的研究中，人们在当时所能达到的实验条件下对整个元素周期表展开了搜索，确认了绝大部分金属在足够低的临界温度下都会出现超导电性。

矗立在巴丁工作过的伊利诺伊大学校园内的超导理论纪念碑⓪

纯金属元素的临界温度都非常低，人们在金属合金中发现了较高临界温度的超导体，例如铌三锗的临界温度达到了23K，这个纪录一直保持到1986年。1957年，超导理论取得了重要突破，美国物理学家巴丁、库柏和施里弗三人建立起了以他们名字命名的金属超导微观理论——BCS理论。该理论很好地解释了金属和合金中的超导现象，其他理论物理学家将其发展并试图预测超导临界温度的上限。后来，物理学家麦克米伦认定金属超导温度最高上限是40K——即BCS上限。这个理论预言给实验物理学家泼了一盆冷水，让许多抱着极大热情探索新超导材料的人们顿然失去了希望。

缪勒⓪

在国际商业机器公司(IBM)瑞士苏黎世实验室工作的科学家缪勒是超导研究领域的一位新手，他在1978年才接触到超导问题，并对氧化物超导体研究产生了兴趣。1983年，他邀请同事贝德诺尔兹一起进行研究。1985年，在获知法国科学家对钡镧铜氧化物所做的研究

朱经武在实验室Ⓦ

后，他们将注意力转向这种含铜氧化物。1986年1月，他们在自己制备的钡镧铜氧化物样品中，意外发现了超导电性，其临界温度高达35 K，不仅刷新了纪录也逼近了40K的上限。

新型超导材料的发现立刻激起了全世界科学家的热情。1987年，美国休斯顿大学的朱经武、吴茂昆研究组和中国科学院物理研究所的赵忠贤研究团队分别独立发现在钇钡铜氧化物样品体系存在90 K以上的超导电性，超导研究首次成功突破了麦克米伦极限，让人们看到超导大规模应用的巨大潜力。之后一系列铜氧化物新超导材料不断被发现，临界温度纪录也不断被刷新。1994年，朱经武研究组在高压条件下把汞钡钙铜氧体系的临界温度提高到了164 K，这一最高纪录一直保持至今。让人兴奋和激动的是，短短十年左右，铜氧化物超导体的临界温度翻了几番，这一系列铜氧化物超导体统称为高温超导体。1987年，贝德诺尔兹和缪勒因发现高温超导体获得诺贝尔物理学奖。

高温超导的发现不仅突破了现有的BCS超导理论，更向人们展示了探索新超导体乃至新材料存在无数种可能，突破理论预言的束缚往往是引向新发现的开始，人们不断在氧化物、金属间化合物乃至有机物中发现新超导体。随着超导研究的深入，人们坚信未来会有更多的超导体被发现，而超导临界温度的纪录也肯定会不断被刷新。

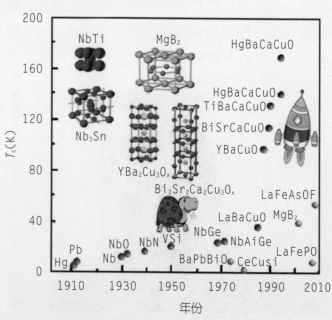

超导体发现的年代及其临界温度Ⓢ

1998年

小柴昌俊等发现中微子振荡现象

自从1930年代中微子假设提出以来,物理学家在1950—1960年代证实两种中微子的存在。人们发现,太阳核聚变反应中能产生大量电子型中微子。这些中微子一经产生,就能以接近光速从半径几十万千米的太阳内部跑出来,它很容易就能穿透地球。不过,遗憾的是,探测太阳中微子非常困难。

戴维斯(左)获得2001年美国国家科学奖 W

1968年,美国物理学家戴维斯领导的研究小组在美国南达科他州的一个1.5千米深的矿井中,放置了一个装有近40万升四氯乙烯的储液罐,想通过实验以捕捉太阳产生的中微子。通过计算,科学家发现,实验测得的中微子数量比理论预言值减少了1/3,其他的中微子到哪里去了?为了解释这个"太阳中微子丢失之谜",科学家提出了中微子振荡假说,一种中微子在飞行途中变成了另一种中微子。也就是说,太阳放出的电子型中微子在到达地球前,由于振荡可能部分地变为其他类型的中微子,比如μ子型中微子或τ子型中微子,得到的电子型中微子的数据当然就比理论值小。根据这一假说,如果能够设计一个能同时探测电子型中微子和μ子型中微子的实验,就能了解它们之间是否可以相互转化了。

RÉPUBLIQUE DE GUINÉE

6000F

POSTE 2006

NOBEL DE PHYSIQUE · MASATOSHI KOSHIBA (2002)
- SONDE GENESIS -
« ITER ENERGIE DE FUSION »

小柴昌俊纪念邮票 ①

1998年,日本超级神冈实验以确凿的证据证实了中微子振荡的假设。由日本物理学家小柴昌俊领导的大约120名日本和美国研究人员组成的研究团队,在神冈町地下1千米深处的废弃矿坑中建造了一个巨大水池,注入5万吨水,周围安装了1.3万个光电倍增探测器。如果中微子射入水后与水中氢核碰撞

超级神冈探测器中的光电倍增探测器和巨大水池①

等反应释放出高能电子或者μ子,这1.3万个光电倍增探测器就像1.3万只眼睛一样能记录下一切。如果电子型中微子被吸收并释放出高能电子,它的轨迹就像水中的乒乓球一样飘忽不定;如果μ子型中微子被吸收并释放出高能μ子,它的轨迹就像水中的铅球一样稳定不动。所以,让这1.3万只"眼睛"数一数有多少"乒乓球"事件和"铅球"事件就行了。

小柴昌俊研究团队在1998年6月12日发表的论文中说,在535天的观测中共捕获了256个从大气层进入水中的μ子型中微子,只有理论值的60%;在实验点地球背面大气层中产生并穿过地球来到实验装置的电子型中微子有139个,只是理论值的一半。他们推断,中微子在通过大气和穿过地球时,发生了振荡现象,从一种类型转化为另一种类型,部分地变成了检测不到的τ子型中微子。

2001年,加拿大的萨德伯里中微子天文台实验证实,丢失的太阳中微子恰好变成了μ子型中微子和τ子型中微子,而中微子的总数并没有减少。几十年来困扰人们的太阳中微子问题终于解决。后来,同样的结果在非宇宙线中微子源的实验中也得到证实。因为在探测宇宙中微子方面的贡献,小柴昌俊和戴维斯获得2002年诺贝尔物理学奖。

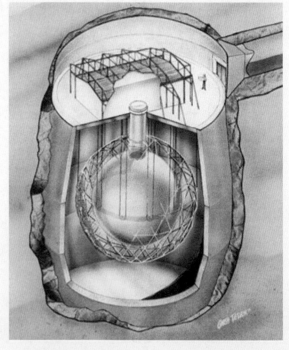

萨德伯里中微子天文台实验示意图⑤

2000年
相对论重离子对撞机开始运行

原子核尺寸那么小,而且中子和质子之间又存在强相互作用,物理学家如何用实验的办法获取原子核内部或比原子核尺寸还小的粒子物理信息?

目前最有效的办法就是对撞,即通过加速两个高能粒子对撞,仔细研究其产物和对撞过程就可以得到相关信息。也就是说,假如有物理学家来研究青蛙的内部结构,他们会把一只青蛙先吊起来,然后把另一只青蛙放入一个弹簧发射器,再瞬间把这只青蛙加速后与那只吊着的青蛙对撞,最后两只青蛙粉身碎骨,物理学家就通过研究这些碎片猜测青蛙的内部结构。当然,这只是个笑话,这对生物学家而言是绝对不可以接受的,毕竟生命体有其自身组合的方式,解剖才是王道。不过,不管你信不信,粒子物理学家真的就是这样研究粒子内部结构的。

1947年,科学家在纽约长岛建立了布鲁克海文国家实验室。随着加速器技术的发展,1960年建成了直径为250米、能量达33吉电子伏的交变梯度同步加

布鲁克海文国家实验室Ⓦ

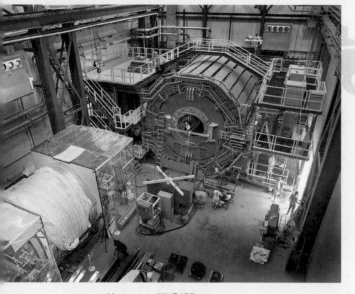

RHIC的STAR探测器①

速器AGS。科学家们利用AGS开展物理实验，其中有四项实验结果获诺贝尔物理学奖。1984年，关于建造相对论重离子对撞机（RHIC）的方案正式提出，历经16年后于2000年正式建成并投入运行。在这个重离子对撞机中，两束接近光速运行但方向相反的金原子核迎头相撞，对撞能量高达200吉电子伏，碰撞发生时的密度远远超过普通的核子物质，所引起的温度可能超过5万亿摄氏度。对撞的结果不仅仅让金

离子彻底粉碎，甚至也能把中子和质子撕成碎片，最终会产生数千个粒子，其中包括目前已知的最小粒子——夸克。

重离子对撞实验不仅能够让我们发现和认识核子尺度以下的粒子及其相互作用，也可以用来寻找新的反物质，还能模拟宇宙大爆炸最初几微秒内的粒子"汤"情况——即夸克和胶子形成的等离子体状态，这对研究物质的演化乃至星系和恒星的形成有着重要的参考价值。

2003年6月，相对论重粒子对撞机实验成功发现了夸克—胶子等离子体这种新的物质状态，曾广泛存在于宇宙诞生后的几微秒内。2010年春，科学家在相对论重离子对撞机上发现一种新的反物质——反超氚，是迄今为止发现的最重的反物质，这次实验一共让金离子对撞了10万次，最终才发现的70个左右的反超氚。相信在未来，相对论重离子对撞机将会有更多重要的科学发现。

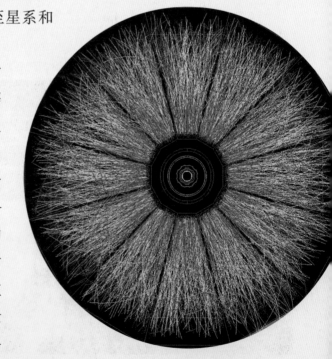

两个高速金核对撞事件①

图片来源

本书所使用的图片均标注有与版权所有者或提供者对应的标记。全书图片来源标记如下：

Ⓖ 华盖创意(天津)视讯科技有限公司(Getty Images)

Ⓨ 北京图为媒网络科技有限公司(www.1tu.com)

Ⓦ 维基百科网站(Wikipedia.org)

Ⓟ 已进入公版领域

Ⓒ《彩图科技百科全书》

Ⓢ 上海科技教育出版社

Ⓞ 其他图片来源：

P11右上，Hans A. Rosbach；P11下，猫猫的日记本；P12左上，Daderot；P13，JoJan；P14右上，Gdaniec；P14左下，Daytrippen；P18下，汤世梁；P21右上，Andreas Thum；P22下，Kondephy；P24右上，Claire Ward；P24左下，Andrew Gray；P25下，Loodog；P26上、P27右上，Andrew Dunn；P28下，Samuel Thornton；P30右下，PHGCOM；P32上，Frankie Roberto；P32下，Nicolás Pérez；P36上，Alvinrune；P38下，Bohemianroots；P39下，Sequajectrof – Jacques Forêt；P41上，William M. Connolley；P43下，Frankenstein；P44左上，GuidoB；P49下，Stannered；P51下，Francis Leggatt Chantrey；P52右上，Dmgerman；P54左上，Johan Hansson；P55左下，Hannes Grobe；P58下，Cholo Aleman；P63上，Adambro；P64下，Kaihsu；P71上，D-Kuru；P73上，Kim Traynor；P73下，卢源；P77，Htkym；P80，Rolfmueller；P82，Daderot；P84右下，RJB1；P87中，Boson；P88上，Alain Le Rille；P90上，Matd13；P90下，Martina Nolte；P93左上，Daderot；P95上，Kirk；P95下，Bwag；P96右下，Georgepehli；P99下，Nilfanion；P100上，YellowFratello；P100下，Reddi；P102下，Markus Schweiss；P109上，Nihil novi；P112上，Fcueto；P117上，Rotatebot；P117下，Mutter Erde；P118，BatesIsBack；P126下，Axel Mauruszat；P127右下，Halfdan；P128左下，Mattinbgn；P131下，Mai-Linh Doan；P134下，Science Museum London；P136，Mik Hartwell；P137，Johnstone；P143，Ashlin；P145下、P159上，GFHund；P147右上，Spudgun67；P147右下，Birmingham Museums Trust；P148下，Bill Jarvie；P149下，O DM；P151，Daderot；P152上，Dhatfield；P152下，Karl Gruber；P153下，Bonio；P158下，Diliff；P159下，Nightryder84；P163下，Maximilien Brice；P165上，J Brew；P165下，OTFW；P169下，Howard Schrader；P170上、P170下，サヤ；P172，WikiFisica2013；P177上、P193上，Smithsonian Institution；P177下，Jan Ainali；P178上，Wächter；P183上，Library of Congress；P185上，Tamiko Thiel；P185下，Notyourbroom；P186上，National Academy of Sciences Archives；P186下，加州理工学院；P187下，DRosenbach；P188上，Jas&Suz；P189中，MBisanz；P189下，Jose Mercado；P190，Adam Nieman；P191下，AllyUnion；P192上，CCAST；P193下、P209下，刘丽曼；P196上，Guy Immega；P200上，Melirius；P200下，Canon.vs.nikon；P202上，Larry Murphy ；P202下，Molendijk；P203

上,The President and Fellows of Harvard College;P203下,Caroline Culler;P204,Harold Kroto;P205,Studio Harcourt;P207上,Ragib Hasan;P207下,lbmzrl;P210上,Kamioka Observatory;P212上,P212下,Brookhaven National Laboratory。

特别说明:若对本书中图片来源存疑,请与上海科技教育出版社联系。